[专家帮你 提高效益]

怎样提高
土鸡养殖效益

主　编　李海华（广东科贸职业学院）
　　　　张　欣（广东科贸职业学院）
参　编　康艳梅（广东科贸职业学院）
　　　　姜文联（广东科贸职业学院）
　　　　沈　峰（广东天农食品有限公司）
　　　　高明超（广东天农食品有限公司）
　　　　余铭成（广东天农食品有限公司）
　　　　韦明钿（广东天农食品有限公司）

机械工业出版社

本书在剖析土鸡养殖场、养殖户的认识误区和生产中存在问题的基础上，就如何提高土鸡养殖效益进行了全面阐述。主要内容包括：利用土鸡特性，把握市场脉搏，正确选种引种，合理使用饲料，做好商品土鸡饲养，搞好种鸡育雏饲养，搞好种鸡育成饲养，搞好种鸡饲养，搞好疾病防治，搞好环境调控，介绍"公司+农户"标准养殖模式典型实例等。本书语言通俗易懂，技术先进实用，针对性和可操作性强。另外，本书设有"提示""注意""小经验"等小栏目，并附有大量的图片，可以帮助读者更好地掌握土鸡养殖技术。

本书可供规模化鸡场技术员、专业养鸡户、饲料及兽药企业技术员，以及初养者等阅读、使用、指导生产，也可供农业院校相关专业师生阅读和参考。

图书在版编目（CIP）数据

怎样提高土鸡养殖效益/李海华，张欣主编. —北京：机械工业出版社，2024.7

（专家帮你提高效益）

ISBN 978-7-111-74573-0

Ⅰ.①怎… Ⅱ.①李…②张… Ⅲ.①鸡–饲养管理 Ⅳ.①S831.4

中国国家版本馆 CIP 数据核字（2024）第 076107 号

机械工业出版社（北京市百万庄大街22号　邮政编码100037）
策划编辑：周晓伟　高　伟　　责任编辑：周晓伟　高　伟　刘　源
责任校对：张慧敏　陈　越　　责任印制：单爱军
保定市中画美凯印刷有限公司印刷
2024年7月第1版第1次印刷
145mm×210mm・6.5印张・204千字
标准书号：ISBN 978-7-111-74573-0
定价：35.00元

电话服务　　　　　　　　　网络服务
客服电话：010-88361066　　机 工 官 网：www.cmpbook.com
　　　　　010-88379833　　机 工 官 博：weibo.com/cmp1952
　　　　　010-68326294　　金 书 网：www.golden-book.com
封底无防伪标均为盗版　　机工教育服务网：www.cmpedu.com

前 言 / PREFACE

土鸡,作为我国第二大肉类别,在我国肉鸡乃至全球的肉鸡产业中都处于无可替代的地位。但目前土鸡生产经营中仍然存在诸多问题,如土鸡品种众多,养殖户不了解其生产性能及销售市场,养殖技术水平低下、疫病频发、饲料与营养不够科学等问题突出。基于此,编者以土鸡养殖过程中的认识误区和存在问题为切入点编写了本书。

本书以提高土鸡养殖经济效益为核心,内容共分11章,立足于我国土鸡养殖现状、存在问题及趋势,围绕土鸡的生物学特性、市场规律、选种引种、饲料使用、商品土鸡饲养、雏鸡培育、种鸡育成、种鸡饲养、疾病防治、环境调控等,向细节、规律、良种、成本、习惯、成活、体重、繁殖、健康、环境等要效益,各部分内容均以土鸡养殖中的认识误区和存在问题为切入点,重点阐述提高土鸡养殖效益的主要方法。同时,介绍了目前国内"公司+农户"标准养殖模式典型实例,供养殖户参考。本书可供规模化鸡场技术员、专业养鸡户、饲料及兽药企业技术员,以及初养者等阅读、使用、指导生产,也可供农业院校相关专业师生阅读和参考。

需要特别说明的是,本书所用药物及其使用剂量仅供读者参考,不可照搬。在生产实际中,所用药物学名、常用名和实际商品名称有差异,药物浓度也有所不同,建议读者在使用每一种药物之前,参阅厂家提供的产品说明以确认药物用量、用药方法、用药时间及禁忌等。

购买兽药时，执业兽医有责任根据经验和对患病动物的了解决定用药量及选择最佳治疗方案。

本书在编写过程中得到了许多同仁的关心和无私帮助，书中还参考了一些专家学者的研究成果和相关书刊资料，由于篇幅所限，未一一列出，在此一并表示感谢。

由于编者的水平有限，书中错误与不足之处在所难免，诚请同行及广大读者在使用过程中提出宝贵意见，以便日后修订。

编　者

目录 / CONTENTS

前言

第一章 利用土鸡特性，向细节要效益 ·········· 1

第一节 了解我国土鸡的养殖现状及趋势 ·········· 1
一、发展现状 ·········· 1
二、存在的问题 ·········· 2
三、发展趋势 ·········· 5
四、生产趋势 ·········· 9
五、发展潜力 ·········· 10

第二节 土鸡的生物学特征 ·········· 11
一、土鸡是早成鸟类 ·········· 11
二、新陈代谢旺盛 ·········· 11
三、耐寒怕热 ·········· 11
四、就巢性 ·········· 11
五、合群性 ·········· 12
六、抗病能力低 ·········· 12
七、独特的感官系统 ·········· 12
八、独特的呼吸系统 ·········· 13
九、不同生理阶段的发育特点 ·········· 13

第二章 把握市场脉搏，向规律要效益 ……… 15

第一节 经营理念的误区 ……… 15
一、认为养鸡不需要经营管理知识 ……… 15
二、认为养鸡不需要做投资可行性研究 ……… 16

第二节 如何把握土鸡市场产业趋势 ……… 17
一、把握土鸡产业相关政策 ……… 17
二、把握土鸡市场消费的区域性 ……… 20

第三节 熟悉土鸡市场行情走势及影响因素 ……… 22
一、土鸡行情走势分析 ……… 22
二、影响土鸡行情的主要因素分析 ……… 23

第四节 根据实际情况选择养殖方式和模式 ……… 24
一、养殖方式 ……… 24
二、养殖模式 ……… 26

第三章 正确选种引种，向良种要效益 ……… 29

第一节 选种和购种的误区 ……… 29
一、对品种的概念不清楚 ……… 29
二、为了省钱选择来源不明的鸡苗 ……… 34

第二节 提高良种效益的主要途径 ……… 34
一、充分了解土鸡品种类型及特点 ……… 34
二、正确合理引种 ……… 40
三、加强种鸡的选留 ……… 44

第四章 合理使用饲料，向成本要效益 ……… 47

第一节 饲料加工与利用的误区 ……… 47
一、饲料的分类误区 ……… 47
二、评价配合饲料的误区 ……… 48
三、加工配合饲料的误区 ……… 50
四、饲料配制的误区 ……… 51
五、饲喂误区 ……… 52

第二节 提高饲料利用率的主要途径 ……… 55
一、正确了解肉鸡常用饲料原料 ……… 55

二、科学加工饲料 ·· 61
　　三、科学配制日粮 ·· 62

第五章　做好商品土鸡饲养，向习惯要效益 ·················· 67
第一节　商品土鸡饲养管理中的误区 ································· 67
　　一、饲养规模不当 ·· 67
　　二、进雏前的准备工作不足 ·· 67
　　三、温度控制不合理 ·· 67
　　四、饲养前期不通风 ·· 68
　　五、饲养中期管理不明 ·· 69
　　六、上市前后准备工作不足 ·· 69
第二节　提高商品土鸡饲养效益的主要途径 ····················· 70
　　一、做好进苗前的准备工作 ·· 70
　　二、做好土鸡保温 ·· 73
　　三、做好分栏、分群管理 ·· 74
　　四、做好土鸡饲喂 ·· 75
　　五、处理好保温与通风的关系 ·· 76
　　六、做好垫料管理 ·· 77
　　七、做好水的消毒管理 ·· 77
　　八、做好运动场乳头式饮水线的安装和管理 ···················· 78
　　九、做好断喙 ·· 79
　　十、做好日常消毒防疫工作 ·· 80
　　十一、落实好安全生产管理措施 ·· 81
　　十二、做好夏季防暑降温工作 ·· 82
　　十三、做好梅雨季节防霉防潮工作 ···································· 83
　　十四、做好秋、冬季防尘、防啄羽工作 ···························· 85
　　十五、做好冬、春季防寒保暖工作 ···································· 85
　　十六、预防土鸡上市发生呼吸道疾病的措施 ···················· 87
　　十七、预防上市土鸡黑胸、花皮问题的措施 ···················· 88
　　十八、做好土鸡光照管理 ·· 89

第六章　搞好种鸡育雏饲养，向成活要效益 ·················· 91
第一节　雏鸡饲养管理中的误区 ··· 91
　　一、对雏鸡质量认识不足 ·· 91

二、对弱雏的护理不足 93
　　三、饲养密度不合理 96
　　四、疾病预防不到位 97
第二节　掌握雏鸡的生理特点 **98**
　　一、生长发育速度快 98
　　二、体温调节机能弱 98
　　三、消化机能还不健全 98
　　四、敏感、抗病能力差 98
　　五、羽毛生长速度快 99
　　六、具有印记行为和模仿性 99
第三节　提高雏鸡成活率的主要途径 **99**
　　一、明确育雏期的培育目标 99
　　二、做好育雏前的准备工作 100
　　三、做好接雏前后的工作 101
　　四、做好育雏期的饲养管理 103
　　五、做好育雏期的环境控制 107
　　六、做好种鸡育雏期每天工作流程 110

第七章　搞好种鸡育成饲养，向体重要效益 **112**
第一节　种鸡育成期饲养管理中的误区 **112**
　　一、不限饲、不控制体重 112
　　二、过度强调体重均匀度 113
第二节　提高种鸡育成期饲养效益的主要途径 **113**
　　一、熟悉育成期生理发育特点 113
　　二、明确育成期培育目标 113
　　三、做好育成期分群工作 115
　　四、做好体重均匀度控制 116
　　五、做好限制饲养管理 118
　　六、做好种鸡育成期每天工作流程 121

第八章　搞好种鸡饲养，向繁殖要效益 **122**
第一节　种鸡饲养管理中的误区 **122**
　　一、精细化管理不足 122
　　二、对累加应激预防不足 123

第二节　提高种公鸡繁殖性能的措施 123
一、加强种公鸡饲养管理 123
二、加强种公鸡精液检测 126
三、做好人工授精工作 128
四、做好受精率异常的原因分析及处理 131

第三节　提高产蛋期繁殖效益的主要途径 134
一、做好预产期母鸡管理 134
二、做好产蛋前期管理 138
三、做好产蛋后期管理 140
四、做好产蛋异常原因分析 143
五、做好产蛋期热应激预防 144
六、做好种鸡淘汰管理 146
七、做好种鸡喂料把控 147
八、做好产蛋期每天工作流程 148

第四节　提高种蛋品质的主要途径 149
一、做好异常蛋的原因分析 149
二、做好种蛋的选择 150
三、做好种蛋的储存 151
四、做好种蛋的消毒 152
五、做好种蛋的运输 152

第九章　搞好疾病防治，向健康要效益 153

第一节　疾病防治中的误区 153
一、卫生消毒存在的误区 153
二、免疫接种存在的误区 155
三、药物使用存在的误区 155
四、传染病发生后的处理误区 157

第二节　提高疾病防治效益的主要途径 157
一、加强土鸡疾病综合防治 157
二、做好土鸡常见病诊治 158
三、合理使用药物 166

第十章　搞好环境调控，向环境要效益 167

第一节　环境控制的误区 167

一、忽视季节性气候的危害 ················· 167
　　二、不重视鸡舍内环境控制 ················· 168
　　三、忽视饮水卫生管理 ····················· 168
　第二节　提高环境调控效益的主要途径 ········· **169**
　　一、掌握鸡舍类型的差异 ··················· 169
　　二、理解笼养和平养的差异性 ··············· 171
　　三、做好舍内小气候调控 ··················· 172
　　四、做好饮水卫生管理 ····················· 178

第十一章　"公司＋农户"标准养殖模式典型实例 ········ **182**
　　一、养殖户信息 ··························· 182
　　二、投资估算 ····························· 183
　　三、养殖技术要求 ························· 186
　　四、投资回报核算 ························· 191

附　录　土鸡场卫生消毒标准 ················· **192**
　　一、门卫管理规定 ························· 192
　　二、车辆消毒标准 ························· 193
　　三、人员消毒标准 ························· 193
　　四、带鸡消毒标准 ························· 194
　　五、空舍冲洗消毒标准 ····················· 194
　　六、鸡舍熏蒸消毒标准 ····················· 195
　　七、饮水系统冲洗消毒标准 ················· 196
　　八、生产区环境消毒标准 ··················· 196
　　九、公共场所消毒记录 ····················· 196
　　十、各岗位消毒剂使用要求 ················· 197

参考文献 ································· **198**

第一章
利用土鸡特性，向细节要效益

土鸡是指以中国地方鸡血统为主并以地方鸡特征为育种目标的品种和配套系，涵盖黄羽肉鸡、土蛋鸡及其他地方观赏类品种。地方鸡品种即经历史流传下来的、通过国家畜禽遗传资源委员会鉴定的各地本土鸡种，如广西三黄鸡、清远麻鸡、文昌鸡、杏花鸡、固始鸡、泰和乌鸡等。

土鸡配套系是指利用本土品种资源进行配套杂交并以本土血统为主的配套系，如青脚麻鸡、京海黄鸡、石门土鸡、竹丝鸡、土杂鸡等。我国土鸡品种众多，根据《中国畜禽遗传资源志·家禽志》收录的结果，我国家禽遗传资源有189个，其中，土鸡品种有107个。

在20世纪80年代以前，全国的土鸡养殖主要以农家庭院放养的形式为主，未能形成规模化集约养殖和生产。改革开放以来，随着国外鸡品种和养殖技术的引进，我国肉鸡养殖产业化进程逐步加快，由地方鸡品种衍生出来的新配套系和新品种也逐步涌现。但在肉鸡品种的选择和培育上，南北地区逐步出现分化。

直至目前，我国鸡养殖和消费形成了"北白鸡，南土鸡，水禽沿海加沿江"的布局形式。土鸡与白羽肉鸡（白鸡）的养殖主产区大致以"秦岭-淮河"为界，形成南北分化。界线以南（除福建外）的广东、广西、四川、湖南等逐步发展成为土鸡养殖主产区；界线以北的山东、河南、河北、辽宁、江苏、安徽，包括福建，逐步成为白羽肉鸡养殖主产区。

第一节 了解我国土鸡的养殖现状及趋势

一、发展现状

1. 土鸡品种

土鸡品类众多，总体上可从外观外形、养殖天龄、品种血统等方向进行分类。外形上的分类通常根据羽毛和脚胫颜色进行区分。按羽色大致可分黄羽、麻羽、麻黄羽、黑羽、花羽、白羽等。按脚胫皮肤颜色可主要分为黄脚和青脚（包括黑色、青色）两种。目前，土鸡主流品种为黄羽、麻羽和麻黄羽。两广地区养殖的土鸡大部分为黄脚，其他地区则以青脚为主。

由于不同养殖天龄与养殖成本、销售价直接相关，业内也习惯将土鸡按照养殖天龄分为快速型（50~70天出栏），中速型（70~90天出栏），慢速型（90天以上出栏）。两广地区又习惯对慢速型土鸡进一步进行区分，通常称养殖天龄在110天以上的慢速型土鸡为"优质鸡"。根据统计估算，我国年出栏快速、中速和慢速型土鸡的比例大约为2∶5∶3。

从品种血统上区分，土鸡主要分为地方鸡品种，及以地方品种血缘为主的相关配套系和新品种。秦岭淮河以南地区是我国土鸡遗传资源最集中的地区，占我国土鸡遗传资源总量的80%左右。这与我国土鸡养殖区域高度重合。

其中，东南地区（苏浙皖沪湘鄂赣粤桂琼闽），土鸡遗传资源占我国总量的54.36%，拥有地方鸡品种51个，地方水禽（鸭鹅）41个。西南地区（云贵川渝）土鸡遗传资源占我国总量的25.3%，拥有地方鸡品种31个，地方水禽（鸭鹅）12个。

2. 土鸡主产区划分

从区域上分为华南、西南、华中、华东四大养殖产区。其中，广东、广西是土鸡出栏量最高的两个地区。

3. 养殖模式

目前，土鸡规模化企业主要采取"公司＋农户"模式进行养殖，少数企业构建"公司＋基地"模式。从土鸡出栏量与养鸡企业数量关系可发现，广东作为土鸡养殖量最大省份，养鸡企业反而最少，从侧面反映出广东地区土鸡养殖产业集中度最高。

然而，总体上看我国土鸡养殖行业集中化程度相对较低，规模化养殖场数量相对较少。

二、存在的问题

当前土鸡产业正经历着前所未有的历史变革，在此变革下，落后与先进并存，粗放与集约共舞，规模与小散共处，内部竞争与外部压力共筑……正是在此变革下，矛盾也会变得前所未有的突出。

1. 土鸡产业现状及问题

（1）"公司+农户"模式，单体偏小　改革开放以来，"公司+农户"模式的发明与推广，对土鸡产业发展起到了极大的推动作用，催生出了温氏股份、立华牧业等一大批行业龙头企业，土鸡产能规模已超过40亿只。土鸡产业能有现在的发展，该模式功不可没。

尽管经过了40多年的发展，但土鸡行业目前单体规模依旧偏小，年出栏20000只以下的养殖场占比很高。就算是"公司+农户"的企业，也是由很多小规模的农户养殖场拼接而成。这种大量小而分散的结构状态，是导致土鸡产能大起大落的重要原因之一。

（2）产能过剩，差异竞争　因温氏股份、立华牧业等一批行业排名靠前的企业在快速型、中速型土鸡领域的强势，以及各地消费市场对土鸡的差异化偏爱，单一或少数优质品种难以涵盖更大的区域。因此，在慢速型土鸡领域，呈现百花齐放，共存竞争的有序状态。

但行业的集中程度依旧很有限，排名前20的土鸡企业年出栏土鸡数量仅占土鸡总出栏量的40%左右。在行情好时，很多养殖企业蜂拥而上，造成产能过剩，进而行情大跌，"鸡周期"现象明显。

（3）从业人员学历不高，行业要求渐高　受历史条件限制，改革开放后的前十几年内，从事土鸡养殖业的人员，受教育程度有限。且在农村，养鸡是致富的方法之一，很多农户并未有条件接受高等教育。但知识深度决定企业高度，目前做得比较大的企业，高学历人才、学习能力比一般的企业要强很多。

与现在很多企业相似，在高学历人员不再成为稀缺的今天，养鸡企业对学历的要求也在提高。但现阶段，硕士以上学历的人才匮乏问题依旧难以解决，高校学生，尤其是原"211"以上重点学校的学生，转行的比例依旧很高。

（4）户外散养，名曰传统　目前土鸡养殖绝大部分仍遵循传统的养殖模式，即户外散养模式，既能符合所谓的"动物福利"，充分地让土鸡释放天性，对提高肉质有很大的帮助，还能减少饲养管理难度，降低投入成本。但这种养殖模式对鸡的抗逆性要求较高，且养殖过程中不可控因素太多。在如今土地紧缺、环境污染等形势下，越来越难以在经济条件较好的地区展开。

(5) 设备落后，应用有限 因前四个现象的客观存在，加之部分从业者也没意识到设备的重要性，土鸡养殖企业对于标准化、智能化、机械化的前沿设备应用非常有限，设备上投入不多，很多鸡舍、鸡棚设备简陋。这种现象在一些中小养殖场尤为普遍。随着大环境的改变，以及新一代养鸡人的加入，对设备重视程度逐渐增加。

(6) 专职养殖，终端有限 因长久以来的活禽销售模式，土鸡养殖、销售环节长期脱节，养殖企业与消费者之间并未直接接触。土鸡企业专职养殖，销售则有土鸡收购商、农贸市场、酒楼等另一部分群体负责。尽管生鲜上市已有数年，但活禽销售这几千年的模式仍有很强的生命力，在非禁活区域仍是第一选择。因此，目前业内企业仍以专职养殖端的居多，只有部分企业因生鲜产品涉及终端。

(7) 活禽禁售，消费萎缩 自H5、H7流感事件以来，土鸡被认为是传染源进而导致活禽销售模式逐渐被禁，生鲜上市开启，同时消费者对鸡存有芥蒂，消费下行。不论是活禽转生鲜，还是消费萎缩，这些对当前土鸡企业转型都提出艰难的挑战。

(8) 环保压力，产业转移 近年来，环保风暴刮到土鸡业，在水网密集地区、沿海发达地区、人口密集地区、风景区等重点区域，禁养区纷纷划起，土鸡业产业转移加速进行。内陆山区、中西部省份成为产业转移的区域，以扶贫带动当地发展。但随着内陆地区经济的发展，一些相对发达的区域对养殖业并不是很欢迎。

(9) 疫病复杂，流感周期 疫病复杂，是我国畜禽养殖的实际情况。旧病未绝，新病不断，不仅有马立克氏病、传染性法氏囊病、禽流感、传染性支气管炎、减蛋综合征、传染性喉气管炎、滑液囊支原体病……还有因引种而带入的白血病等垂直传播疾病。免疫程序越来越烦琐、免疫次数越来越多，在这种免疫压力下，新毒株还层出不穷，仅以H5流感为例，变异速度快，一年换一个毒株已成常态，更担忧的是可能出现未知的流感。加之土鸡产业设备简陋，散养为主，生物安全防疫体系不完全，所幸土鸡本身抵抗力足够强大，但面临的防疫压力依旧较大。

2. 产业格局影响因素

上述9大问题一直处于动态变化之中，影响产业格局的几大因素也将在今后相当一段时间内长期存在。产业未升级，影响不休止。

(1) 政策导向 "规模养殖、集中屠宰、冷链配送、生鲜上市"

十六字方针决定了行业发展的大趋势，环保及畜禽资源化利用政策决定了企业发展的大方向……政策对行业导向性很强，其目的很明显，那就是更先进、更科学、更环保、更规范、更安全。

（2）**流感疫情** 这已成为行业心病，只要有流感疫情，活禽销售便会遭受一次危机，"流感 - 活禽禁售 - 休市 - 活禽禁运"一气呵成。

（3）**环保风暴** 新《中华人民共和国环境保护法》等环保相关法律颁发之后，各地环保政策迭起，禁养区、限养区划起频繁，养殖密集区拆迁较为普遍。

（4）**土地稀缺** 近十年城市建设急速扩张，很多原本离城市很远的农村，纷纷划为城区、郊区。在市场经济作用下，土地成本增加，近城区、沿海发达地区，养殖业的土地利用率远不如其他产业，且粪污气味容易引起投诉，产业转移成为必然。但即便是土地相对宽松的内陆山区，也存在着禁养区，可供养殖业利用的大片土地不多。

（5）**人力成本** 养殖企业普遍远离大城市，吸引人才难，高层次人才短缺一直是行业面临的难题，且随着市场行情，高水平人才的薪酬也在节节升高，很多龙头企业都缺少硕士学历以上的人才。另一方面，"公司＋农户"模式已有40多年，很多在一线的农户都已经步入老年，继续从事农业的年轻人很有限，且平均工资支出也要高出很多。

（6）**资本市场** 除了行业内部竞争之外，畜禽业在业内之外一直被认为是"暴利"行业，在鸡价行情高涨的时候，进入行业的资本集团不在少数。他们不同于行业内从业人员，若从食品端切入，将给行业带来冲击。且随着以上几点因素加强，养殖业的门槛增高，没钱没土地已很难投入发展。

（7）**食品安全** 这是决定行业存在与否的最终标准，也是对从业者最起码的要求。"三聚氰胺""苏丹红"等食品安全事件毁了一个行业的例子不胜枚举。在现在生鲜上市的大趋势下，食品安全也将变得前所未有的重要，甚至将来比环保、禁活影响更大。

三、发展趋势

1. 两极分化，更为明显

强者越强，未来行业整合必将更为明显，尤其是在性价比方面，温氏股份的优势将更为明显。未来土鸡竞争的焦点在慢速型土鸡方面，而

这个市场因地域饮食习惯的差异,很难一家独大,将呈现多家并存的局面,养殖地方特色品种的企业将具有区域性的影响力。在环保的压力下,中等规模的企业或将大幅度减少;大企业因其规范化、标准化、资金充裕等因素能继续发展;小规模企业面临的压力很大,但小规模企业投资低、成本低,也很难禁绝,产能上将形成大企业为主,小规模企业补充的局面。

2. 产区西进,消费北上

因环保、土地成本等多方面的影响,广东、福建、浙江、江苏等沿海地区的养殖业已经很难发展,企业向内陆地区迁移的趋势明显。土鸡产区布局上,也由两广、江苏等主产区向其他内陆地区扩散。与此同时,秦岭-淮河以北的白羽肉鸡消费主产区对土鸡的需求增加,未来将成为土鸡消费的增长区,但短期内想实现大幅度地增加有难度。

3. 农户升级,规范安全

如何落地、寻找可靠的农户、留住农户、统一规范生产、环保改造、利润分配等一系列新问题,让传统的"公司+农户"模式显现疲态。在新的生产力下,需要新的生产关系。目前,行业有两种后继的模式,一类是"公司+基地+农户",以高标准的基地(可分为封闭平养型、生态放养型)为主体,在食品安全、规范化、标准化、成本管理等方面具有优势;另一类是升级农户为"生态农场",借鉴欧洲模式,种养结合,规范养殖标准,实行严格的食品安全标准。不管是哪种,目前也仅有中大型企业有实力做到。"公司+农户"相当长的时间内依然存在。

4. 三产融合,食品为王

长久以来,土鸡产业秉承着产品为王的理念,养好鸡便不愁销路。生鲜时代固然好产品不愁销路,但能在食品终端掌握消费者话语权将更为重要。过去的生产-销售隔阂将消失,生产企业要自己销售产品,三产融合很有必要。对于有实力致力于消费端的企业而言,从生产到销售一条龙,在成本控制、食品安全、产品品控上,三产融合是必须要走的路。但对于实力有限的企业而言,三产融合难度很大,区域性质的企业或专注某一板块并与其他企业联合,可选择性更大。

5. 重视科技,人才紧缺

以往行业忽视设备、前沿科技的应用,主要原因是高养殖利润能够支撑落后产能的生存。在面临高进入门槛、高成本（饲料原料成本增加、土地成本增加、人力成本增加等）、低利润等状况的今后很长一段时间里，养殖利润将很难维持那些高耗能、高成本、低养殖效益的企业生存。成本控制成为企业生存必须要掌握的一条技能，能够降低成本、增加产品稳定性的科技、设备需求增加，笼养、平养、育种改良、优质种苗等，将成为企业考虑的方向。而这需要一定知识和操作技能，也将高学历人才紧缺的影响进一步放大。

6. 二元发展，复合节能

以成本为标准、以品质为标准将成为未来行业的两大发展方向。前者在性价比市场（熟食、中速型和快速型土鸡生鲜产品）具有优势，但会有价格高低的定位。这类企业的生产将以成本控制为主，大规模、集约化、多产业发展，跨行业投资等，养殖成本控制能力极强，同日龄下毛鸡成本较低，且有能力涉及屠宰深加工，提升产品附加值，如温氏股份、立华牧业、德康农牧等复合型、节能型企业，以微利走量方式生存发展。

而以品质为主的企业，将在品牌建设、产品风味上下功夫，高成本、高品质的产品在高端消费市场具有优势。这类企业将以生态绿色养殖为主、饲喂五谷杂粮为辅等方式宣扬产品的优质特性，同日龄下单位成本较高，可毛鸡也可生鲜，提高产品品牌溢价，如湘佳牧业、天农食品、富凤集团等品牌土鸡企业，以单品高利润谋得生存发展。

7. 产能过剩，控产成为主旋律

自2013年开始，大型企业组成国鸡文化推广联盟，呼吁控制产能，每次均能取得不错效果。这是现实需要，也是行业发展诉求。目前，消费量没有增加太多的情况下，行业蛋糕基本成型。如果盲目扩张，行业必然深受其害。因此，共同控制产能才是当前的主旋律。

8. 养殖形式：土鸡笼养的潜力可见

土鸡的生长习性是走地散养，目前的养殖模式以散养为主。但是，随着环保压力的不断增大，养殖土地审批难，土鸡笼养的潜力开始显现。笼养有其优势所在，一方面，笼养更符合环保要求，不会对山林草地造成破坏；另一方面，笼养更符合集约化、规模化养殖的趋势。未来畜牧业工人会越来越难找，减少人工依赖必将是大势所趋，而笼养更符合高效生产的要求。

9. 未来土鸡消费演变的预测

目前，我国生鲜鸡消费还处在缓慢上升的阶段，离达到峰值还有相当长的时间。基于此，未来土鸡消费会出现以下可能的趋势：

1）我国居民消费习惯以猪肉为主，占比超过一半以上，鸡肉占总居民消费比例普遍在20%以下，远低于欧美标准。随着我国居民生活水平的提升，鸡肉消费量必然会有比较大的提升，有望和猪肉分庭抗礼，但取代猪肉成为第一肉食的可能性较小。因对肉质、食品安全的重视，消费者潜意识中"相对安全、绿色"的土鸡，消费提升将高于白羽肉鸡、817杂交肉鸡的增长。

2）快速型的土鸡及817杂交肉鸡成本较低，肉质尚可，性价比较高，有可标准化做熟食的优势，未来熟食的发展将以此为主。因我国地域广阔，年轻消费群体也在成长，在生鲜鸡市场没有到达极致时，熟食产品应该就有不小的市场。

3）适合多地的熟食产品，必然被多个地方饮食习惯接受，因此辣味、咸味这两种大多数地方通行的味道将成为最主要的熟食产品特征。甜味、清淡等区域性较强的味道，将成为区域熟食的产品特征，便携加热即熟的预制菜式包装也会有相当的市场需求。

4）在市场逐渐规范的未来，土鸡的屠体指标与肉质的关联程度在消费者潜移默化的固化中，青脚、无肉垂、黑皮、薄胸肌、毛孔粗大等土鸡标志性的屠体特征将成为土鸡与其他白羽肉鸡、817杂交肉鸡的重要鉴别特征，土鸡概念也将深入人心。

5）肉质依旧是消费者青睐土鸡的最终标准，但食品安全问题也越来越受关注。

6）生长60天以上的生鲜鸡将是土鸡的天下，生长60天以下的市场，817杂交肉鸡依然有比较大的优势。中间市场将是大集团的主要市场，因各地差异，会有一些地方企业补充。生长90天以上以风味作为卖点的土鸡市场，将是竞争最为激烈的地方，品牌的差异化战略很重要。

7）高端消费品将出现两极分化，小而散的生态养殖与规模化标准化的动物福利式养殖两种模式并存，前者产量有限，适合小量供应；后者品控较强，是适合企业品牌化的最好方式。

8）土鸡终端仍缺少如同麦当劳、肯德基这样的巨头，未来必定会出现，但是否来自于养殖行业尚未可知。

四、生产趋势

1. 重视健康养殖

从发展战略看,未来土鸡生产还要进一步推广健康养殖,建立完整、规范、科学的标准体系;将更强调鸡肉产品中的药物残留问题,建立良好的质量管理制度,严格按照国家有关标准和其他有关用药规范规定的用法、用量使用兽药,不过度或超量使用;推广使用高效、安全、无毒、环保、低残留的药物,加快饲用抗生素替代产品的研制;解决土鸡产品的卫生标准、品质质量及环境方面存在的问题,实施无公害的生产工程;在大型产业化体系中做到统一提供雏鸡、统一提供饲料、统一防疫、统一收购、统一加工、统一销售。

2. 重视良种体系

2014年3月,为提升现代肉鸡种业发展水平,促进肉鸡产业持续健康发展,农业部组织制定了《全国肉鸡遗传改良计划(2014—2025)》。2015年10月农业部办公厅发出《关于公布第一批国家肉鸡核心育种场和国家肉鸡良种扩繁推广基地名单的通知》,15家单位为第一批国家肉鸡核心育种场,15家单位为第一批国家肉鸡良种扩繁推广基地,扎实开展新品种(配套系)培育、品种选育、性能测定、良种扩繁推广等工作。种种举措表明,国家大力推广新品种,建成良种繁育体系,用于大规模的家禽生产,为现代养禽业奠定重要的基础。

3. 重视环境保护

自2014年1月1日起施行的《畜禽规模养殖污染防治条例》,于2015年1月1日起施行的新修订《中华人民共和国环境保护法》等,给畜禽养殖场、养殖小区、饲料厂、定点屠宰场的选址、建设和管理提出明确要求,又对畜禽粪便、动物尸体、污水、废气等排放做出限制;另外,随着部分地方对养殖业的排斥和人们环境保护意识的加强,家禽企业受到的环保压力越来越大,这些都必将促进家禽行业转型变革。要积极发展生态型、效益型、节约型养禽业,要切实解决与养禽业有关的环境污染问题,实现良性循环,给养禽业提供持久、稳定、高产、优质、低耗和高效益的生产环境。

4. 重视疾病防控

现代土鸡生产的高度集约化模式为传染病的传播提供了有利条件。

疾病防治是个系统工程,需要在政府的统一领导下,全社会支持,全行业参与,形成体系,全面推进。必须切实抓好"养、防、检、治"四个环节的工作,包括改善土鸡养殖环境、场址选择、土鸡场合理布局、土鸡舍设计与建筑、遗传育种、饲养工艺、供给全价饲料、科学免疫、检疫监测、隔离消毒、病源净化、投物防治、添加剂使用、培育抗病种群、病死土鸡与脏物的无害化处理、建设无特定动物疫病区等方面。

5. 重视科学管理

目前各大型家禽生产场的科技水平都已经很高,在饲料成本、人员开支及管理费用等方面都已经尽量压缩,因此,试图通过进一步降低生产和管理成本来提高效益的空间已微乎其微;而另一方面,虽然养殖成本客观上涨了很多,但家禽产品的价格并没有大幅上涨,这就使家禽生产经营越来越困难。家禽行业要向高层次发展,就要扬长避短,趋利避害,靠壮大实力和降低成本、提高竞争力获得回报,在竞争中得到自身的发展壮大。要制定品种、产品、品牌、设施、饲养技术、资金流向、商品竞争力等方面的更高标准,以此为依据进行综合改进,这等于在目前的基础上进一步提高了行业的门槛。

五、发展潜力

随着南北方经济往来密切、文化交流加深,目前土鸡与白羽肉鸡养殖和消费的地区界线逐渐模糊,土鸡北上、白鸡南下、肉杂鸡占据中原的局势一直存在。

近年来,土鸡养殖和消费市场逐步向传统消费市场外拓展趋势凸显,我国华东、华北、东北、西北,甚至越南、泰国等东南亚土鸡都有较大的市场潜力。土鸡作为我国在品种繁育方面具有自主知识产权的品类,可以算得上是我国肉鸡产业的"芯片"。土鸡北上,或走出国门,都大有可为。与此同时,在土鸡生鲜上市、全国畜禽养殖环保风暴、食品安全问题日益受到关注的新形势下,土鸡产业也面临着新一轮的产业变革。落后产能被进一步清理,产区格局或将发生新的变化,产业的规模化、集约化、自动化程度将进一步升级,土鸡养殖企业向食品加工、终端销售的转型发展也将逐步实现。

随着土鸡养殖产业化、标准化程度进一步提升,在保持原有特色风味的基础上,进一步提高土鸡养殖的生产效益,将成为未来行业的发展目标。新的养殖格局和消费形式下,大企业向集团化模式进一步发展壮大,而中小企业也将在新兴市场中找到"小而美"的业务、盈利模式。

未来,养好土鸡、吃好土鸡、推广土鸡文化将相辅相成,成为促进土鸡产业发展和推广我国传统饮食文化的重要抓手。

第二节　土鸡的生物学特征

一、土鸡是早成鸟类

雏鸡出壳后全身被覆绒毛,能够自主活动和觅食,离开成年土鸡能够独立生活。而有些晚成鸟类幼雏出壳后双眼紧闭、体躯没有绒毛、双腿不能站立,需要依靠其父母哺喂,若干周后才能独立生活。

二、新陈代谢旺盛

土鸡新陈代谢旺盛主要体现在以下3个方面:①体温高,土鸡的体温比家畜高很多,成年土鸡的体温为40.5~41.8℃,雏鸡的体温比成年土鸡略低。相比之下,土鸡需要消耗较多的营养物质用于保持其较高的体温。②心率快,成年土鸡的心率为160~200次/分钟,雏鸡比成年土鸡的心率高,母亲比公鸡的心率高。③呼吸频率高,成年土鸡的呼吸频率为25~100次/分钟,雏鸡的呼吸频率比成年土鸡高。

三、耐寒怕热

①耐寒习性:土鸡的颈部和体躯都覆盖有厚厚的羽毛,将其尾部的尾脂腺分泌的油脂用喙涂抹到羽上,能够提高羽毛的保温性能,能有效地防止体热散发和减缓冷空气对机体的侵袭。冬季只要舍内温度不低于10℃,不让土鸡饮雪水,就可以使产蛋率保持在较高的水平。但是,应该注意的是温度过低(舍内温度低于3℃),同样会使产蛋率下降。②怕热习性:由于土鸡体表大部分被羽毛覆盖,加上羽毛良好的隔热性能,其体热的散发受到阻碍,夏季酷暑的气温条件下,如果无合适的降温散热条件,则会出现明显的热应激,造成产蛋减少或停产。

四、就巢性

就巢性是禽类在进化过程中形成的一种繁衍后代的本能,其表现是雌禽伏卧在有多个蛋的窝内，用体温使蛋的温度保持在37.8℃左右，直至雏禽出壳。大多数的商品蛋鸡和选育程度高的肉鸡基本丧失了就巢性，而选育程度较低的地方鸡种还保留有不同程度的就巢性。就巢性的强弱与产蛋数呈负相关。就巢时，土鸡的卵巢和输卵管萎缩，产蛋停止，这对总产蛋数影响大。

五、合群性

土鸡具有良好的合群性，其祖先在野生状态下为群居生活，在驯化过程中它们仍然保留这种习性。因此，在土鸡生产中大群饲养是可行的。雌性土鸡性情温顺，在大群饲养条件下有良好的合群性，相互之间能够和平相处。但是雄性土鸡的性情比较暴躁，相互之间会出现争斗现象，尤其是不同群的公鸡相遇后表现更为突出。因此，在成年种用土鸡群管理中尽可能注意减少调群。

六、抗病能力低

土鸡的解剖生理特点决定了其抗病力低：①土鸡的肺容量小，有气囊，气囊分布在颈部、胸部和腹部，一些病原微生物通过呼吸系统进入体内后会造成大范围的侵害。②没有横膈膜：胸腔和腹腔没有横膈膜阻隔，两者是连通的，腹腔内的感染容易引起胸腔继发感染。③没有淋巴结，缺少了部分免疫组织器官，在一定程度上会影响其抗病力。④泄殖腔是消化道、生殖道和泌尿道的共同开口，有些病原体会经过泄殖腔在消化道和生殖道之间互相感染。蛋在产出的时候经过泄殖腔也容易被泄殖腔内的粪便或附着的病原体污染。由于土鸡采用集约化生产方式，饲养密度高，容易造成环境条件的恶化，一旦个别土鸡感染疾病则很容易在群内扩散。

七、独特的感官系统

多数鸡的感官功能与人类不同。鸡的视力进化得较好，但听力稍差。

（1）嗅觉　鸡的嗅觉很好，但比哺乳动物差。鸡用嗅觉觅食和识别同类，鸡不仅能闻到高浓度的气体，如氨气和二氧化碳，且有特别的神经会让鸡在闻到这些气体时感觉痛苦。

（2）视觉　鸡可以看到许多人类所不能看到的颜色、闪烁的荧光

（105赫兹）和紫外线。相比人类，鸡对有些颜色更加敏感。人类看到的白色光线，对鸡而言变成了浅蓝色或红色，这也取决于光源。鸡的全景视觉大约有300度，但两眼的重叠部分较少。鸡只能看到一个较窄的深度视野。当你进入鸡舍时，可以发现所有的鸡会同时甩动头部，以扩大视野，看到正在发生的事件。

（3）听觉　人类可以听到的音调比鸡能听到的要高一些。通过腿和皮肤（相对于腿的感受程度低），鸡可以感觉到地面和空气的震动。这种能力可以让鸡提前发觉在黑暗中接近的掠食者。鸡所发出的声音的音调频率在400～6000赫兹（低频）。辨别鸡的声音，可以捕捉更多鸡的信号，如果鸡舍非常安静，鸡群就很健康，如果听到时而出现的尖叫声，可以观察到啄羽的现象。鸡发出不正常的声音，如鼻塞，通常是发病的表现。

（4）味觉　与人类一样，鸡的味觉也是依靠味蕾，但鸡只有350多个味蕾，而人类有9000个。鸡可以分辨出酸、甜、苦、咸。

（5）喙的触觉　鸡可以用喙的接触分辨出一些相对的感觉：硬和软，热和冷，光滑和粗糙，以及痛感。喙尖是非常敏感的部位。断喙会造成鸡极大痛苦。

八、独特的呼吸系统

空气由鸡的鼻腔和喙进入呼吸系统，吸入的空气在气管中净化，气管黏膜面覆盖一层黏液和纤毛，纤毛的重要性常被忽视。用福尔马林对孵化器消毒会破坏纤毛，因此，建议尽量不使用福尔马林。鸡肺部相对较小且不能扩张，和哺乳动物不同，鸡的肺终止于气囊。气囊在鸡身体内具有"气球样"特性，它们迫使空气通过肺2次，加强肺的换气功能，但是，也使鸡的呼吸道更容易被感染。

鸡通常通过呼吸来调节体温。鸡没有汗腺，当其感觉太热时，它将张嘴喘气（快速地前后移动喉咙），通过保持一定的湿度，以蒸发散热的方式排出多余的热量。同时，鸡会展开羽毛，抬起翅膀，尽量增加身体通风的面积，最大限度地排出热量。

九、不同生理阶段的发育特点

养殖户在饲养土鸡前需要了解不同日龄阶段土鸡的发育程度（图1-1），

从而对应做好饲养管理。

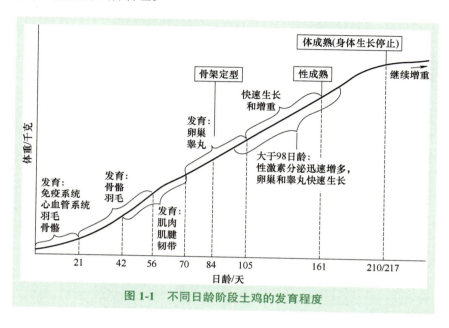

图 1-1　不同日龄阶段土鸡的发育程度

第二章
把握市场脉搏,向规律要效益

第一节 经营理念的误区

一、认为养鸡不需要经营管理知识

很多养殖户都认为养土鸡不需要经营,看到别人挣钱,自己去养肯定不会比别人差,导致很多养殖户在养土鸡时一而再地交学费。下面将有关经营管理的基本理念进行阐述,期望能对养殖户有所帮助。

养殖户获得良好经济效益的关键是掌握养殖场经营管理的基本方法。因此,除善于经营外,还必须认真做好计划管理、生产管理和财务管理,生产与销售高质量、价格有竞争力的土鸡产品,从市场获得应有的效益和声誉。

(1) **经营与管理的概念** 经营与管理是两个不同的概念。经营是指在国家法律、条例所允许的范围内,面对市场的需要,根据企业内、外部的环境和条件,合理地确定企业的生产方向和经营总目标;合理组织企业的供、产、销活动,以求用最少的人、财、物消耗,取得最多的物质产出和最大的经济效益,即利润。管理是指根据企业经营的总目标,对企业生产总过程的经济活动进行计划、组织、指挥、调节、控制、监督和协调等工作。

(2) **经营与管理的关系** 经营和管理是统一体,统一在企业整个生产经营活动中,是相互联系、相互制约、相互依存的统一体的两个组成部分。但两者又是有区别的。①经营的重点是经济效益,而管理的重点是追求效率。②经营主要解决企业的生产方向和企业目标等根本性问题,偏重于宏观决策;而管理主要是在经营目标已定的前提下,如何组织和以怎样的效率实现的问题,偏重于微观调控。

（3）做好经营管理的意义 ①只有做好经营管理，才能以最少的资源、资金取得最大的经济效益。土鸡的生产风险很大，需要投入资金多，技术性强，正常运行要求组织严密，解决问题及时，其最大的开支是饲料和管理两项费用，饲料费取决于饲料配合和科学的饲养管理，而管理费用又取决于经营管理水平。这一切都要求把科学的经营管理和科学的饲养管理结合起来。实践证明，只有经营管理水平提高，饲养管理水平才能提高。②只有做好经营管理，才能合理地使用人、财、物，提高企业的生产和生存能力。③只有做好经营管理，企业有了更新设备、采用新技术的能力，才有能力参与下一轮竞争。④只有做好经营管理，才能改善本企业职工生活，才能吸引和留住人才。

二、认为养鸡不需要做投资可行性研究

养鸡其实就是一个投资项目。投资之前需要做好准备工作，才能做出经营决策。企业进行投资可行性研究也需要遵循一定的决策程序。决策程序一般分为三步：一是形势分析，二是方案比较，三是择优决策。

（1）形势分析 形势分析是企业对外部环境、内部条件和经营目标三者综合分析的结果。

1）外部环境。首先要进行市场调查和预测，了解产品的价格、销量、供求的平衡状况今后发展的可能。同时，也要了解市场现有产品的来源、竞争对手的条件和潜力等。

2）内部条件。主要有如下几项：①场址适于经营。如环境适于生产和防疫；交通比较方便，有利于产品与原料的运输和废弃物的处理；水、电等供应有保证。②资金来源的可靠性，贷款的年限，利率的大小。③生产制度与饲养工艺的先进性；设备的可靠性与效率；人员技术水平与素质，供销人员的经营能力。④饲养鸡种来源的稳定性，健康状况与性能水平等。

3）经营目标。确定产品的产量、质量与质量标准，以及产品的产值、成本和利润。

一般来说，外部环境特别是市场难于控制，但内部条件能够掌握、调整和提高。企业在进行平衡时，必须内部服从外部，也就是说，养鸡场要通过本身努力创造、改善条件，提高适应外部环境和应变的能力，保证经营目标实现。

（2）**方案比较**　根据形势分析制订几个经营方案，实际上这也是可行性研究，同时对不同的方案进行比较，如生产单一产品或多种产品；是独立经营或是合同制生产，是独资或是合资。主要对不同的方案在投入、风险和效益方面进行比较。

（3）**择优决策**　最后选出最佳方案，也就是投入回收期短，投产后的产品在质量和价格上具有优势，效益较高，市场供不应求，需要量将稳定增长，价格有上升的趋势等。选择这样的方案，企业可能获得较大的成功机会。

第二节　如何把握土鸡市场产业趋势

一、把握土鸡产业相关政策

产业的发展与国家政策息息相关。全国多地出台了家禽"集中屠宰、冷链配送、生鲜上市"的政策。季节性休市、每月定期休市、临时性休市促使土鸡养殖和销售出现新"周期"。在活畜禽运输新规下，各地活禽运输也上了"紧箍咒"。

1. 各地出台生鲜鸡政策

为做好家禽流感防疫工作，各地政府通过推广家禽"生鲜上市"，引导家禽生产企业延长产、供、销、加工一条龙服务，促进家禽产业转型升级和持续健康发展。

（1）**生鲜鸡已在全国范围内推广**　目前，北京、天津、上海、重庆4个直辖市已经实行全市范围的活禽禁售，并全面开展家禽"集中屠宰、冷链配送、生鲜上市"工作。全国范围内，15个省份相继发布了当地的家禽经营管理办法，从中心城区为起点，对主城区内人口密集的农贸市场，逐步取消活禽交易，推动地级城市的主城区逐步取消活禽交易。

目前，广东全省21个地级及以上市主城区已全面开展家禽"生鲜上市"工作，且活禽经营限制区范围逐步扩大。

（2）**销区屠宰和生鲜配送的"最后1公里"**　为了保证生鲜鸡的口感和新鲜度，国内普遍采用销区屠宰的方法，即将土鸡运输到活禽经营限制范围附近的屠宰点进行屠宰。多地建立的集中屠宰家禽的屠宰点距限制区内市场距离都在比较近的范围内。作为内地最早一批实行生鲜上市的城市，深圳更是着力解决生鲜家禽冷链的配送问题，对符合条件的企业，加大扶持力度，对生鲜家禽冷链配送给予支持，逐步解决生鲜家禽配送"最后1公里"问题。

(3) **转型档口有补贴** 各地在实施生鲜上市时，都要求辖区内农贸市场完成家禽经营档口的改造。同时对改造升级的摊档都有不同档次的一次性财政补贴。这些补贴主要分为以下几类：一是改造和配置冷链设施；二是给转营生鲜家禽前几个月的经营性补贴或奖励；三是对转岗、转业的家禽经营户的补贴；四是对符合条件的家禽屠宰、供应企业设置财政专项资金，以进行在线改造、冷链设施的配置等。

(4) **打击活禽经营违法行为** 南方消费者多年形成的消费习惯和习俗难以一朝改变，从而产生了在活禽经营限制区进行活禽经营的活动。对于这种违法行为，各地的处罚金额略有不同。总体来说，沿海地区对于违法活禽的经营行为的打击力度更大，罚款更多。然而，对违法活禽交易的打击只是治标之策，生鲜鸡的推广关键在于政策的可行性。面对如此庞大的消费群体，政府不妨参照已经完成生鲜上市地区的经验，加强市场管理。用技术手段降低生鲜鸡价格；对于市民饮食习惯加以引导，减少市民对生鲜鸡的抵触心理。

活禽禁售、生鲜上市的关键在于政策的可行性。中国活禽的未来如何，目前各地政府依旧还在探索中。但政府对于活禽市场管理越来越细化、越来越严格确实是必然趋势。而随着各地政府逐步加强活禽市场的管控、从技术上降低生鲜鸡成本、解决生鲜鸡到市民餐桌的"最后1公里"等问题，生鲜鸡被南方市民接受，只是时间问题。

2. 活禽市场休市成常态

2013年3月底，上海和安徽两地率先发现人感染H7N9流感病例，随后在全国多地陆续发现人感染H7N9疫情重压下，活禽市场成为众矢之的。

出于对市民健康的保障和情绪的安抚，各地政府对活禽市场进行不定期的休市。但长时间的休市使家禽滞销、价格暴跌，基层从业者苦不堪言。相比起2017年全国范围内的不定期休市，如今各地都不断推进定期休市制度，落实"1110"制度（一日一清洗、一周一消毒、一月一休市、过夜零存栏）等活禽市场卫生监督管理办法，对土鸡消费起到了正面的作用。为保证活禽市场消毒力度，每月定期休市、季节性休市、临时性休市成为各地政府防控禽流感的重要武器。

按照《上海市活禽交易管理办法》及《关于本市实行季节性暂停活禽交易有关事项的公告》要求，上海自 2018 年 2 月 6 日至 4 月 30 日实行季节性暂停活禽交易。安徽省合肥市、六安市等地同样采取季节性休市。《广州市人民政府关于调整禽类交易市场每月休市时间的通告》要求，广州市禽类交易市场每月休市 1 天或 3 天，自 2018 年 4 月 15 日起施行，有效期为 5 年。广东佛山、中山、顺德先后推行类似的定期休市制度。浙江杭州每月休市不得少于 3 天。《广东省家禽经营管理办法》第十四条规定，根据疫病疫情的预测和预警，以及对季节性发病规律的评估，地级以上市人民政府可以决定本行政区域内的全部或者部分活禽经营市场实行临时性休市。

为了保证家禽养殖市场的长久开放，多地政府以推行活禽限制区、多种休市方式并存等措施代替单一的临时休市政策。如今，经过多年发展，各个地区已经陆续出台了完善的活禽交易管理办法。农业农村部印发《全国家禽 H7N9 流感防治指导意见（2018—2020 年）》中明确提出，各地兽医部门要按要求，配合有关部门加强活禽市场管理，严厉打击流动摊点活禽经营行为，督促市场经营者严格落实"1110"制度。配合活禽市场主管部门加大监督执法力度，严厉查处非法经营雏禽、未检疫或检疫不合格以及来源不明活禽的行为。

3. 全国禁养政策的推进

近年来，我国畜牧业生产发展迅猛，畜禽养殖规模不断扩大，畜禽粪污、生产废气等养殖废弃物产生量与日俱增，畜禽养殖污染问题日益凸显。与畜牧业迅猛发展不匹配的是，目前国内养殖布局不够合理、废气物的深化处理能力有待提高，这些问题都引起了环保部门的关注。为防治畜禽污染、推进畜牧业发展，国家先后出台了《中华人民共和国环境保护法》《畜禽规模养殖污染防治条例》《水污染的防治行动计划》，在这三大新政的明确要求下，各地政府陆续做出禁养区、限养区和适养区的"三区"规划。蛋禽年存栏量大于 5000 只、肉禽年出栏量大于 10000 只的养殖场，一旦被划定在禁养区内，都逃不过被关闭或搬迁的命运。

2014 年禁养区政策出现以来，各地禁养运动进行得如火如荼。而 2017 年是各地禁养区划定及禁养区内养殖场关闭拆迁较为集中的一年。

划定区域从最初的南方水网区逐渐向内陆、西部、北部地区转移,截至目前,西至四川、北至黑龙江,22个省级行政区已完成禁养区的划定。进入2018年,随着生态环境部联合水利部制订的《全国集中式饮用水水源地环境保护专项行动方案》出台,各省级行政区已经从单纯的整治农业污染转变为深入推进"水十条"。

"水十条",即国务院发布《关于印发水污染防治行动计划的通知》(国发[2015]17号)。其工作要求,到2020年,全国水环境质量得到阶段性改善,近岸海域环境质量稳中趋好,京津冀、长三角、珠三角等区域水生态环境状况有所好转。到2030年,全国七大重点流域水质优良比例总体达到75%以上。南方地区水网密布,河流紧密,因此,东南养殖地区也成为"水十条"的综合整治的典型区域。

二、把握土鸡市场消费的区域性

1. 土鸡肉品消费趋势

近年来,鸡肉产量、销量呈快速上升趋势,但土鸡的消费市场低迷。这其中既有销售模式转变的影响,也有消费观念转变的因素在内。

目前,世界前三大鸡肉生产和消费国家为美国、中国和巴西,美国为世界鸡肉第一大生产国。世界范围内的鸡肉消费总体处于增长态势,鸡肉消费未来潜力巨大。而我国因几波流感的影响(H5N6、H7N9),鸡肉产量和消费量由快速增长进入缓慢发展、阶段性回调中。与美国、巴西相比,我国的鸡肉产量以及消费量依旧有很大的发展空间。

2. 土鸡消费区域性

我国民族众多,就算是同一民族,各个地方的地理条件、风俗习惯的差异也导致饮食习惯的巨大差异。体现在鸡肉的消费上,更是千差万别。海南、广东、广西是我国禽肉消费量最大的地区,也是土鸡传统的生产和消费大区。消费量靠前的上海、安徽、四川、重庆、江苏、湖南、浙江、江西、云南均是土鸡主产区。这表明这些土鸡产地的消费者也是鸡肉消费的重要力量。

(1) 华南区 包括广东、广西、海南、香港、澳门、福建、台湾。

消费特征:文化、饮食上以岭南文化为主,消费主要以家庭消费为主,喜食土鸡,素有"无鸡不成宴"之说。口味上以较为清淡的粤菜、闽菜为主,有白切鸡、盐焗鸡、水煮鸡等菜式。该地区是土鸡消费能力最强和消费数量最多的地区,每年人均禽肉消费量普遍超过10千克,广东、海南、广西每年人均消费量在20千克以上。

(2) **西南区** 包括四川、重庆、云南、贵州。

消费特征:地处西南地区,饮食习惯、地缘相近,有一定的相似性。消费土鸡以青脚麻鸡(或称为铁脚麻鸡)为主,辅以土杂鸡。云贵地区的土鸡一般养殖到3千克/只以上,川渝地区1.75千克/只左右,火锅、大锅为主,口味偏辣。川渝地区每年人均禽肉消费在10千克以上。

(3) **华中区** 包括湖北、湖南、江西。

消费特征:水网密布,水禽消费占比较高,与肉鸡消费不分伯仲。是土鸡消费区之一,以土鸡、黄鸡、麻鸡为主。口味偏辣,类湘菜风格,水禽消费为主,土鸡每年人均消费量有限,为6~10千克,湖南地区消费量最高,湖北最低。该地区是土鸡输出大省,主要销往华南,部分运往华东。

(4) **华东区** 包括江苏、浙江、安徽、上海。

消费特征:该地区口味偏咸偏甜,不喜辣,菜式上徽菜、苏菜、浙菜风格较为类似,水禽、鸡肉消费量难分高下,水禽以熟食、节日消费为主,鸡肉多用以家庭消费和聚餐,红烧、炖汤、白斩等是鸡肉的主要烹饪方式,对鸡肉品质有一定的要求。江浙沪地区因生鲜政策执行较早,对优质鸡需求增长明显,尤喜青脚类型鸡,生鲜时代特征显著,但每年人均禽肉消费仍然在10千克以上。

(5) **北方区** 包括华北、东北、京津冀等。

消费特征:以白羽肉鸡分割产品消费为主,辅以817肉杂鸡家庭消费。烹饪特色以调料覆盖鸡肉味道,也有烤鸡等做法。总体上,鸡肉消费量不高,每年人均在6~7千克,占当地人均总肉食消费量的18%以下,且对鸡肉品质要求不高。

(6) **西北区** 包括陕西、甘肃、宁夏、新疆等。

消费特征:深处内陆,少数民族较多,消费上带有浓厚的地方特色。家庭消费以花鸡、青脚类型鸡为主,属于土鸡的一类。要求鸡体形要大,养殖周期较长,肉质要求高,喜欢筋道的肉质,一般养殖3个月以上、体重3千克以上为好。该地区鸡肉消费量不高,每年人均在6~7千克,但占当地人均总肉食消费量的20%以上。

(7)**高原区** 包括青海、西藏。

消费特征：高原气候下养鸡不易，品种主要以适宜高原气候的藏鸡为主。藏区民族特性以及气候资源特点，导致禽肉消费非常有限，西藏每年人均禽肉消费量不到 1 千克，青海只有 3 千克。

第三节 熟悉土鸡市场行情走势及影响因素

一、土鸡行情走势分析

1. 近 5 年商品代土鸡价格走势

从各类型近几年的利润率来看，快速型土鸡的平均利润率最高，其次为中速型，慢速型土鸡的利润率最低。根据 2018 年各品种全国平均利润率，按 1.75 千克 / 只计算，1 只快速型土鸡平均可赚 4.93 元；1 只中速型土鸡可赚 2.82 元；1 只慢速型土鸡可赚 1.18 元。而从价格的波动性来看，快速型土鸡价格波动性更大，而慢速型土鸡价格波动性较小。这与快大型肉鸡生产周期较短有关，养殖户会迅速根据市场行情波动进行投苗量的增减，从而导致价格波动幅度较大；而慢速型土鸡由于养殖周期超过 3 个月，在产量变动幅度上更为稳定。相应的，由于周期长、成本更高，慢速型土鸡对于长时间持续低迷行情的抗击力也更差。

2. 各区域土鸡行情差异分析

(1)**各区域土鸡价格相关性** 为了进一步分析各个区域之间土鸡价格的走势及其相关性，我们将土鸡主产区分为华南、西南、两湖、华东几个主要区域进行分析。结果发现，广东价格涨幅情况与周边省份呈强正相关。即广东的土鸡价格波动对周围省份（广西、海南、江西、福建、湖南、湖北）价格有较强的拉动作用，是华南、华中区域的价格中心。江苏是华东区域（主要包括江苏、浙江、安徽、山东等地）的价格中心。而西南地区（主要包括云南、贵州、四川、重庆）的价格中心为重庆。也就是说，广东、江苏、重庆为各自区域价格中心。整体形势上，广东地区土鸡价格与全国土鸡价格走势相关性最高，对全国土鸡市场起主导作用。

(2)**不同品种在不同区域的价格差异** 根据对不同品种土鸡在不同区域价格进行进一步分析发现，各品种土鸡在其主要消费市场价格会更高。快速型土鸡的出栏价格按西南→华南→两湖→华东逐步递减，其中川渝地区普遍高于其他主产区。根据历年价格对比发现，川渝地区快速型土鸡出栏价格通常比广东高出约1元/千克，比山东、安徽高出近2元/千克。

中速型土鸡价格趋势与快速型基本相同，全国最高的出栏价格一般出现在云南、贵州。云贵地区的中速型土鸡出栏价格普遍比广东、福建高0.6~0.8元/千克，比江苏、安徽高2元/千克，比山东高出约3元/千克。

慢速型土鸡的主要消费市场在华南地区，与此相对应的是福建、广东、广西、海南、两湖、江西的慢速型土鸡价格逐步呈递减趋势。其中，福建作为全国慢速型土鸡价格最高的省份，历年均价比江西高1.6~2元/千克。

二、影响土鸡行情的主要因素分析

1. 总体出栏量与年均盈利率的关系

从往年大致趋势上可以看出，各类型土鸡价格与出栏量呈负相关。目前，我国土鸡出栏量接近38亿只的临界值，基本上处于产业的盈亏平衡点。全国年出栏在36亿只左右时，各类型土鸡的平均利润率可达到30%以上。据不完全统计，近两年由于各地畜禽养殖场禁养拆迁，全国土鸡总产能已经减少了10亿只以上，但这并不意味着会出现肉鸡供应不足的情况。根据业内人士估算，此前土鸡的年总潜在产能为50亿只左右，而历年土鸡年出栏量在35亿~40亿只即可达到供求平衡，就是说行业内一直存在产能相对过剩的问题。

简单来说，即各个养殖区域都存在相应的供需平衡点，一旦供应量略有超出，当天或近期的土鸡价格便会大幅下滑。这种价格剧烈波动，一方面是供需关系对价格的影响，另一方面也反应出土鸡产业的"赌博"心理。由于对整体供需关系"不明朗"，中间批发商对于出栏价格具有绝对的话语权。养殖户对于整个行业供需关系没有把握的状态下，在市场上处于"防守"心态。

2. 季节性需求变化与盈利率的关系

从消费结构上分析，快速型和中速型土鸡的主要销售渠道是农贸市场、商超以及各大单位的食堂采购，慢速型土鸡则主要供应酒楼等餐饮店。从全年各个时段的需求量来看，快速型和中速型土鸡全年需求量基本平稳，但在暑期由于各大高校食堂采购量下降而出现季节性的需求下滑。慢速型则会在每年中秋节、国庆节、春节、清明节等传统节日期间需求量集中上扬。由于农历下半年各类庆典宴席较多，慢速型土鸡消费量会在每年中秋至第二年清明期间处于高位。

对应各类型土鸡的需求情况和价格关系来看，整体呈正相关的趋势。各品种基本在需求量较高的期间利润率较高。对于快速型土鸡，每年的8~9月需求量下滑，与此对应也处于全年价格低谷；中速型土鸡全年利润率基本平稳；而慢速型土鸡全年利润率最高点通常出现在春节前。

3. 人流感疫情与盈利的关系

近年来，对于土鸡供求关系影响最大的外在因素是人感染H7N9疫情。虽然由H7N9感染导致的土鸡疫情尚未对产业造成严重影响，但人感染病例的出现对土鸡市场需求造成了致命打击。根据数据分析，除了2013年，每年人感染H7N9病例主要出现在1~3月，2017年则延续至年中。当出现连续多起人感染H7N9病例时，相应区域的活禽市场会启动休市机制，鸡价也会应声下跌。其中，2013年4~5月，2014年年初、2015年年初和2017年上半年最为明显，各品种鸡价全线下跌，周期内最大跌幅一度超过50%，与全国土鸡普免H7N9流感疫苗的时间一致，2017年秋季开始，人感染H7N9病例迅速减少，此后基本呈零星发布。2018年除1、2月各发生1例，直至10月底全国再无新增人感染H7N9病例。自2017年7月开始，全国各类土鸡价格持续高位运行，此后一年多时间基本保持在盈利水平线以上。根据目前全国土鸡对H7N9的防控现状及业内人士主流意见，H7N9再次造成较大消费恐慌的可能性不高。但需要高度注意H5亚型高致病性禽流感的病毒变异及由此带来的疫情和市场行情波动。

第四节　根据实际情况选择养殖方式和模式

一、养殖方式

1. 散养

散养是一种比较原始粗放的饲养方式，目前在我国一些地区还存在这种饲养方式。一般选择比较开阔的缓山坡或丘陵地，搭建简易鸡舍，白天鸡自由觅食，早晨和傍晚人工补料，晚上在鸡舍内休息。在南方气候比较温暖的地区，或北方的夏、秋季，由于散养鸡可以采食到一些昆虫和草籽，能够节省饲料，而且鸡肉和鸡蛋的味道鲜美，深受消费者欢迎，可以卖出好价钱。但是散养的饲养效率低，容易污染水源，不利于疾病的控制，因此，应根据实际情况控制饲养密度，减少对环境的破坏。

2. 半舍饲

土鸡的饲养多采用半舍饲方式，即在鸡舍的南北两侧或南侧设有运动场，运动场的面积与饲养土鸡类型直接相关，优质型土鸡的运动场面积一般为鸡舍饲养面积的两倍，中速型土鸡一般为鸡舍饲养面积的一倍，而快速型土鸡的饲养大部分没有运动场。

使用半舍饲饲养方式，土鸡的采食、产蛋在舍内进行，舍内安装料槽和产蛋窝。土鸡可以自由出入运动场活动，充分享受自然光浴，有利于群体行为和护理行为的进行，身体健康，羽毛丰满漂亮。

土鸡采用半舍饲方式时，舍内要安装栖架，鸡晚上在架上休息。冬季舍内地面铺设稻草、麦糠等垫料，夏季可以垫沙。垫料要及时清理，防止潮湿。半舍饲的饲养密度较小，只能采用地面散养的方式，鸡和粪便不能分离，不能很好地驱赶野鸟，不利于疾病的预防。

3. 舍饲

舍饲时，鸡整个饲养过程完全在舍内进行，是鸡的主要饲养方式。这种饲养方式有多种类型，主要分为平养和笼养两种。平养指鸡在一个平面上活动，又分为落地散养、网上和混合地面平养。笼养就是将鸡饲养在用金属丝焊成的笼子中，根据鸡种、性别和鸡龄设计不同型号的鸡笼，有育雏笼、育成笼、蛋鸡笼、种鸡笼和公鸡笼等。

土鸡不同养殖方式的优缺点及使用情况见表2-1。

表 2-1 土鸡不同养殖方式的优缺点及使用情况

养殖方式	优点	缺点	使用情况
散养	密度小，环境好，鸡群活动空间大，肉质优良；人力成本低	土地利用率低，生物安全难以把控，对鸡的体质、抗病力等要求要高	中小规模场采用较多，部分优质鸡也会采用

（续）

养殖方式	优点	缺点	使用情况
非自动化平养	有一定的运动空间，人力成本低；比散养土地利用率高	设备较为简陋，鸡舍内环境影响大，呼吸道疫病问题突出	在一些较大规模的企业普及
笼养	土地利用率高，每笼饲养鸡数为2~4只；全密闭式，生物安全性好	密度比较大，疫病防控是关键；鸡活动空间小，生长速度快，牺牲肉质；人力成本高	除了种鸡，商品鸡笼养还在探索中
自动化平养	设备先进，环境干净；运动空间大，符合动物福利要求；人力成本相比笼养低	资金投入大，单位成本最高；垫料管理需用心	少见

二、养殖模式

目前，土鸡的养殖模式多种多样，不同的养殖户可以根据自己的实际情况进行选择。

1. 单独小规模养殖模式

早期单独小规模养殖模式是独立的个体生产，在农业中占有重要地位，在我国土鸡养殖中很常见。中国农村实行家庭承包经营后，有的农户向集体承包较多土地，实行规模经营，也被称为家庭农场。家庭农场是指以家庭成员为主要劳动力，从事农业规模化、集约化、商品化生产经营，并以农业收入为家庭主要收入来源的新型农业经营主体。

2. 合作社模式

合作社模式下的委托饲养是将农村以家庭为单位的散养土鸡集中起来，然后按照合作社制定的统一管理规范，实施疫苗接种、饲料管理、兽药预防、技术服务、统一经销等，并根据统一销售后的份额，按照家庭单位下的土鸡数量等实施分红。虽然其中存在一些令经济学家困惑的经济分配问题，但从当前的实践效果观察，养殖户比较倾向于选择这种模式，认为经济合作模式下的合作社可以经由党员之家、村委会、合作组织而获得一种鸡苗投入后的零风险管理，并获得最终的经济收益。

3. "公司+农户"模式

"公司+农户"，顾名思义是将"大公司"与"小农户"联结起来。

这种经营模式始于20世纪80年代，几十年来，它在农民学习生产技术、规避市场风险和规模经营增收等方面发挥了积极作用。温氏开创的"公司+农户"合作模式产生于1986年，是典型的流程创新，公司作为组织者和管理者，对畜牧产业链的种苗、饲料、技术、保健品、畜禽饲养、销售六个环节实施全程管理，农户只要承担饲养管理环节。"公司+农户"合作模式在养鸡业向全国推广中获得成功，推动了我国农业现代化的进程，为农民增收提供了长期稳定的渠道，维护农村稳定和技术进步。

关于"公司+农户"模式的内涵，有两种见解。一种见解认为，它不仅指企业与农户以签约形式建立互惠互利的供销关系，还包括合资、入股的紧密型合作，也包括不受合同约束的松散型合作。另一种见解是指以具有实力的加工、销售型企业为龙头，与农户在平等、自愿、互利的基础上签订经济合同，明确各自的权利和义务及违约责任，通过契约机制结成利益共同体，企业向农户提供产前、产中和产后服务，按合同规定收购农户生产的产品，建立稳定供销关系的合作模式。

从其委托饲养的模式观察发现，从鸡苗、饲料、疫苗、兽药、技术、服务、回收到销售等多个环节，均由企业和农户共同完成。其中，农户负责养殖环节，其他环节均由企业完成。这种专业化的分工流程，既减少了企业的养殖成本，加强了农户养殖中的管理，也有效地形成了委托饲养一体化模式。从其比较优势层面分析，该模式采取的一体化防控策略，主要是基于统一管理，比如，疫苗的选择、接种的时间控制、统一化的养殖流程等，使农户能够根据科学、合理、有效的方法，实践企业所制定的目标，从而完成整体上的防疫，这种化整为零的办法实现了产业链条下的合理分工、企业与农户的密切合作，并且达到了互赢的目的。

土鸡不同养殖模式的优缺点及使用情况见表2-2。

表2-2 土鸡不同养殖模式的优缺点及使用情况

类别	优点	缺点	使用情况
单独小规模养殖模式	比较灵活，投入低	规模小、管理水平参差不齐、抗风险能力小	常见

（续）

类别	优点	缺点	使用情况
合作社模式	有合力，采购、有部分定价决定权；农户自主权高	仍然受到市场波动影响；农户之间较为独立，难以统一认识	较为常见
"公司+农户"松散型合作模式	资金占用较少，土地受限小；农户积极性较高，扩张迅速	对农户控制力较弱，品质难以保证	中大型企业常见
"公司+农户"紧密型合作模式	统一管理，生物安全，产品品质有所保障；农户受市场波动影响小	管理难度随扩展增加；人工成本较高	大型企业部分常见
一体化自主养殖模式	易于控制产业链的各个环节，管理优化，人工成本低，品质稳定	资金投入大，土地征用难；疫病风险集中	少见

第三章
正确选种引种,向良种要效益

第一节　选种和购种的误区

一、对品种的概念不清楚

1. 生物多样性

生物多样性是人类社会生存和发展的基础,畜禽遗传资源是生物多样性的重要组成部分。我国是世界上畜禽遗传资源最为丰富的国家之一,历史遗存下来的大量畜禽品种是巨大的基因宝藏,是中华民族的宝贵财富。我国大部分畜禽地方品种一直广泛应用于畜牧业生产,是培育新品种不可或缺的原始素材,在畜牧业可持续发展中发挥着重要作用,还对一些世界著名畜禽品种的形成产生过重要影响。

在人类生活中,畜禽以肉、奶、蛋、毛、皮、畜力和有机肥等形式提供了人类30%~40%的需求,这些都来源于40多个畜禽种类的约4500个畜禽品种,它们是人类社会现在和未来不可缺少的重要资源。尽管畜禽只限于为数不多的几个物种,但在长期人工选择和自然选择下,产生了众多体形外貌各异、经济性状各具特色的畜禽品种。不同品种间和品种内丰富的遗传变异,构成了畜禽遗传多样性的主要方面。

我国畜禽饲养历史悠久,不仅是世界上家畜驯化的中心地区之一,也是世界上家养动物资源极其丰富的国家之一。我国畜禽遗传资源不仅数量丰富,而且具有很多优良的特性,如繁殖力高、肉质优良、产毛(绒)性能好,以及抗逆性和抗病性强等特点。近半个世纪以来,随着畜禽工厂化、规模化养殖的快速发展,现代育种理论和方法的应用,畜禽生产性能得到较大幅度的提升,如肉鸡上市日龄缩短了近两周。

我国畜禽遗传资源的状况也较严峻，根据全国第二次畜禽遗传资源调查，15个地方畜禽品种未发现，55个品种处于濒危状态，22个品种濒临灭绝。濒危和濒临灭绝品种约占地方畜禽品种总数的14%。即便是群体数量尚未达到濒危程度的一些地方品种，由于公畜（禽）数量下降，导致品种内的遗传丰富度也在降低。

2. 鸡的起源

根据动物分类学，家鸡属鸟纲、鸡形目、雉科、原鸡属、鸡种。现普遍认为原鸡属中的红色原鸡是现代家鸡的祖先。红色原鸡至今在我国仍有两个亚种，即滇南亚种和海南亚种，分布于我国云南、广西、广东、海南等地。

关于中国家鸡的起源问题，在过去很长的一段时间里皆引用达尔文《动物和植物在家养下的变异》一书中提到的"中国家鸡是公元前1400年由印度传入"的观点。但后来我国许多学者从考古学、史学等角度对此予以否定，并提出中国家鸡有自己的起源地，而且驯化时间远早于印度的家鸡。

我国养禽业始于新石器时代的早期，时间大约可以追溯到7000多年以前，是世界上养禽历史最为悠久的国家之一。在我国发掘的江西万年县仙人洞遗址、黄河中下游的龙山文化遗址、长江流域的屈家岭文化遗址、河北省武安市的磁山文化遗址、河南省新郑市的裴李岗文化遗址、山东省滕州市的北辛文化遗址等遗址中都出土有原鸡或家鸡的遗骨，这比达尔文所说的中国家鸡由印度传入的时间提早了近4000年。

3. 鸡品种的类型与形成

由于我国各地自然生态条件的差异及社会、经济和文化的发展程度不同，人们对鸡的选择和利用目的也不尽相同，历史上就形成了体形、外貌、用途各异的鸡品种。如古代因崇尚斗鸡活动，形成了斗鸡。再如，仙居鸡产于浙江丘陵山区，在历史上该地区经济、社会发展落后，饲料不足，由于大体形鸡体重大、耗料多，群众喜养行动灵活、善于觅食、耗料省、主要靠放牧饲养的小型鸡种，加上当地有很多孵坊，盛行孵化苗鸡到外地出售，且养鸡不是为了吃肉，而是为了多产蛋。因长期选择无就巢性、产蛋多的鸡留种，逐渐形成了体形小、无就巢性、产蛋性能良好的仙居鸡。南方地区群众喜吃白切鸡，因此，长期选择体形小、骨细软、肉多、易肥、肉滑（肌间脂肪多）的鸡，这些促进小型肉用的惠阳胡须鸡、清远麻鸡、杏花鸡等地方鸡品种的形成。青藏高原地区海拔高、气候寒冷，当地群众养鸡粗放，听任鸡在野外觅食，晚上栖息在宅旁树枝上或牲畜房圈梁架上，所饲养的鸡保留了红色原鸡的生活习性，形成了藏鸡品种。

我国地方鸡品种的类型丰富，外貌特点鲜明，在羽色上有黄羽、麻羽、黑羽、白羽、芦花羽、瓦灰羽等不同，在羽型上有丝羽、片羽之别，在其他外观特征上还有绿耳、缨头、胡须、五爪、毛脚、秃尾等。地方鸡品种按经济用途可分为肉用型、蛋用型、兼用型和玩赏型。但我国地方品种总体上是以兼用为主，只是根据被利用侧重面的不同而分为肉用型与蛋用型，这与国外鸡标准品种有明显经济用途界限的分类是有差异的。

19世纪中叶，我国地方鸡在产蛋性能和产肉性能方面曾居世界领先水平。如英国从我国江苏、上海引入的狼山鸡和九斤黄鸡，经繁育后都曾被认定为标准品种。狼山鸡被定为兼用品种，九斤黄鸡被定为肉用品种，并用这两个品种杂交改良英国本国的品种。但在此之后的长时间内，我国养鸡业长期停留在粗放的饲养水平上，鸡的生产水平遂与世界先进水平拉大了距离。我国地方鸡品种具有适应性广、抗逆性强、耐粗饲、觅食力强、蛋肉品质佳的遗传特性，因此，既要看到目前我国地方鸡种生产性能上的不足，又需要高度重视其优良性能的遗传潜力。我国地方鸡品种无论是用于本品种选育还是用于杂交利用都有着非常重要的价值。

4. 土鸡品种的应用

我国遗传资源按来源不同可分为地方鸡品种、培育品种和引入品种。地方鸡品种是长期受当地自然、生态与人文因素的作用形成的，包括那些从国外引进、经长期的风土驯化，已适应我国特定的饲养、生态等条件的遗传资源。这类遗传资源大多具有独特的外貌特征与经济性状（黄羽、黑羽、丝羽、芦花羽、胡须、毛脚、五趾、乌皮、矮小、绿壳蛋、竞技等）。培育品种是利用地方遗传资源或引进遗传资源为素材，进行系统选育或杂交育种等技术手段培育的新品种、品系（配套系），这类品种或品系（配套系）的生产性能有明显提高，基本能满足商业化生产的需要，在当今家禽生产中发挥着重大作用。引入品种是近年来我国因育种或生产需要从国外引进的一类资源。

我国地方鸡品种中包含着多方面的优良性状，这些优良性状遗传物质基础的基因，在当前和未来都具有不可低估的价值。①肉品质好：地方鸡素以浓郁、细嫩的肉质著称于世。中国地方鸡肌肉中干物质、总蛋白质、总氨基酸、谷氨酸、酪氨酸、天门冬氨酸、苏氨酸比例远高于引入品种，而脂肪含量相对较少。在目前国际肉类市场（特别是肉用仔鸡市场）日益追求高品质和风味产品的形势下，这种优良特性的经济意义已十分明显。②抗逆性强：我国家禽群体中存在对湿热、干旱、高海拔环境的耐性基因，对威胁畜牧业的多种疫病的易感性较低。家禽群体中常存在一些有害基因导致的不良性状，这些基因在我国地方家禽群体中的出现频率相对较低或者完全没有。

在政府的积极倡导和支持下，我国家禽遗传资源的开发利用受到极大重视。目前，不仅国有的家禽育种中心和研究所开展了对家禽遗传资源的开发利用工作，且很多民营或育种公司也加入其中。这些单位在基本商业化的环境中自由竞争，促进了家禽育种事业的发展。育种单位推出较为成熟的育种产品（家禽品种或配套系）进入良种扩繁阶段，由分散在全国各地的祖代父母代场扩繁制种，最后由各地的家禽公司或农户进行商品化生产，为市场提供了丰富的禽产品。

目前，我国家禽遗传资源的利用包括三种形式：一是本品种选育与直接利用，这类地方遗传资源一般具有独特的外貌特征和经济性状，如丝羽乌骨鸡、北京油鸡等。二是以地方家禽遗传资源为素材，通过培育专门化品系建立配套系。这是利用地方家禽遗传资源的某些质量性状及优良的品质特点，将不同性状的选育分配到父系与母系中，通过建立配套系进行生产，如邵伯鸡配套系就是以崇仁麻鸡等优良地方鸡种为素材，分别培育青胫麻羽父系和带有矮小基因的节粮型母系，生产适合市场需要的青胫、麻羽商品代鸡。三是以本品种选育为主，适当引入外血进行杂交育种，培育经济特征明显的新资源。这是利用本品种的突出经济特性来满足消费者的需求，但在某些方面尚存在一定缺陷。通过国家畜禽遗传资源委员会品种审定的部分配套系见表3-1。

表 3-1 通过国家畜禽遗传资源委员会品种审定的部分配套系

序号	品种名称	序号	品种名称	序号	品种名称
1	京白 939	14	"农大3号"小型蛋鸡	27	墟岗黄鸡1号	40	弘香鸡
2	康达尔黄鸡 128	15	邵伯鸡	28	皖南黄鸡	41	新广青脚（铁脚）麻鸡
3	新扬褐壳蛋鸡	16	鲁禽1号麻鸡	29	皖南青脚鸡	42	新广黄鸡 K996
4	江村黄鸡 JH-2 号	17	鲁禽3号麻鸡	30	皖江黄鸡	43	大恒699肉鸡配套系
5	江村黄鸡 JH-3 号	18	新兴竹丝鸡3号	31	皖江麻鸡	44	鸿光麻鸡
6	新兴黄鸡Ⅱ号	19	新兴黄鸡4号	32	雪山鸡	45	鸿光黑鸡
7	新兴矮脚黄鸡	20	温氏青脚麻鸡2号	33	苏禽黄鸡	46	天府肉鸡
8	岭南黄鸡Ⅰ号	21	粤禽皇2号	34	金陵麻鸡	47	海扬黄鸡
9	岭南黄鸡Ⅱ号	22	粤禽皇3号	35	金陵黄鸡	48	肉鸡 WOD168
10	岭南黄鸡Ⅲ号	23	粤禽皇5号	36	金陵花鸡	49	天农麻鸡
11	京星黄鸡 100	24	京红1号	37	金陵黑凤鸡	50	科朗黄鸡
12	京星黄鸡 102	25	京粉1号	38	金钱麻鸡Ⅰ号	51	黎村黄鸡
13	京星黄鸡 103	26	良凤花鸡	39	南海黄麻鸡Ⅰ号	52	参黄鸡Ⅰ号

二、为了省钱选择来源不明的鸡苗

目前，我国从事种鸡饲养的企业非常多，而土鸡的育种技术含量不高。有些企业为了短平快见效益，存在直接用商品代鸡代替种鸡的现象，导致部分企业没有系统的制种程序和疾病净化体系，鸡苗的质量参差不齐。千万不要为了省钱，而选择来源不明的鸡苗。

除了专业育种公司销售鸡苗之外，在全国存在两大禽苗交易市场，分别是广东广州竹料禽苗交易市场和西南禽苗交易市场。广东广州竹料禽苗交易市场有专门的一批人负责孵化、交易、运输，该市场对外宣传一年交易的禽苗超10亿只。而在四川广汉的西南地区最大的禽苗交易市场——西南禽苗交易市场，一年的交易量也在4亿只左右。

第二节 提高良种效益的主要途径

很多养殖户不重视土鸡品种的选择，在他们的意识里所谓的土鸡就是随便买些鸡苗靠土方法养殖出来的鸡。这种做法肯定是错误的，如会有人选择养殖柴鸡、白羽肉鸡或蛋鸡，这些鸡生长速度快、产蛋量高，但是因为品种的原因往往卖不上高价，影响经济效益。在养殖土鸡时，一定要认真选择土鸡品种，面对不同的地域和生长环境，土鸡品种的选择有所不同。首先，必须了解土鸡品种类型及特点；其次，要了解生产土鸡品种的厂家，正确合理引种；最后，在饲养过程中要正确地进行选留，提高种鸡良种效益。

一、充分了解土鸡品种类型及特点

1. 广西三黄鸡

（1）**品种特征** 广西三黄鸡体躯短小，体态丰满。喙呈黄色，有的前端为肉色渐向基部呈栗色。单冠直立，冠齿有5~8个，呈红色。耳叶呈红色。虹彩呈橘黄色。皮肤、胫呈黄色或白色。公鸡羽毛呈大红色，颈羽色泽比体羽稍浅，翼羽带黑边，主尾羽与镰羽呈黑色。母鸡羽毛呈黄色、主翼羽和副翼羽带黑边或呈黑色，少数个体颈羽有黑色斑点或镶黑边。雏鸡绒毛呈浅黄色。

（2）品种分类　根据商品代的出栏日龄，广西三黄鸡可主要分为慢速型（90天以上）和中速型（70~90天）两大类，行业内也称为优质型和仿土类，其养殖量的比例大约为1∶20。快速型三黄鸡养殖量于2017年前后迅速萎缩，市场被麻黄鸡和肉杂鸡取代，目前产量极少。业内根据三黄鸡的出栏日龄和体重，按"土1、土1.5、土2、土3"的模式又细分成十余种三黄鸡类型。数字越大则表示鸡的生长越"快大"（出栏日龄越小，出栏体重越大），数字越小则越接近慢速型土鸡的生产性能。土1母鸡一般在100天出栏，出栏体重为1.4~1.6千克；土1.5母鸡一般也是100天出栏，但出栏体重略大，为1.9千克；土2母鸡一般在80天出栏，出栏体重为1.75~1.9千克；土3母鸡一般为70天出栏，出栏体重为1.9千克左右。其中，土2、土3是仿土类三黄鸡中养殖量最大的品种。

2. 麻黄鸡

（1）品种特征　麻黄鸡是指供港鸡及由此衍生出来的中速、快速型麻黄羽鸡的统称。其母鸡体羽为黄麻羽，喙、胫为黄色，皮肤为黄色。是目前养殖量最大的中快速土鸡品种。

（2）品种分类　最初，为了提供更适应香港生鲜鸡市场的肉鸡，广东多家种禽企业在石歧杂、本地黄鸡等育种素材基础上不断杂交选育，培育出麻黄鸡配套系，母鸡在80~90天体重达到1.5~1.6千克。直至目前，广东地区的笼养麻黄母鸡已经成为香港主要肉鸡来源。

由于香港市场需求有限，麻黄鸡种鸡企业同时将部分品系转向内地销售，麻黄鸡也继续分化出更快大的品种。其中，两广市场主要养殖麻黄母鸡，倾向慢速型的品种；两广以外（主要为东北、西南地区）市场主要养殖麻黄公鸡，倾向于更快大的品种。目前，麻黄鸡品种根据其上市日龄可以分为快速型、中速型、慢速型，其中广东地区笼养的中速型和慢速型大多数供应香港市场，也称为供港麻黄鸡。

3. 广西麻鸡

（1）品种特征　广西麻鸡属于广西地理标志品种，灵山土鸡、灵山香鸡、灵山麻黄鸡、里当鸡、小董鸡、黑凤鸡等均属于广西麻鸡或以广西麻鸡血统为主的相关衍生品种。其外形特征可概括为"一麻、两细、三短"，一麻是指母鸡体羽以棕黄麻羽为主；两细是指头细、胫细；三短是指颈短、体躯短、胫短。

(2) **品种分类** 与广西三黄鸡类似,广西麻鸡根据其养殖日龄,也分为慢速型和中速型,业内习惯将其细分为"灵山土1、灵山土1.5、灵山土2"等多个品类。慢速型广西麻鸡是广西主要慢速型土鸡品种,母鸡在110天以上出栏体重一般可达1.65~1.8千克。广西麻鸡的公鸡苗主要在广西和粤东地区以阉鸡的形式养殖,140天出栏体重可达2.5~2.75千克。

4. 青脚麻鸡

(1) **品种特征** 青脚麻鸡又称为铁脚麻鸡,属于中、快速型土鸡,是云贵川渝地区主要养殖的土鸡品类。除了具有麻鸡最主要的"一楔、二细、三麻身"特征,青脚麻鸡还保持有土鸡黑嘴、黑脚的特性。公鸡体质结实灵活,结构匀称,属肉用体形。该品类具有山区"土鸡"的特点,适应性强、生长快、成本低,多家种禽企业培育出了在生产性能上略有差异的青脚麻鸡配套系。

(2) **品种分类** 目前该品种养殖范围分布在四川、重庆、云南、贵州、广西、安徽、湖南、湖北等地,其中云贵川渝是青脚麻鸡的养殖主产区。云南、贵州两省的养殖量不低于1.5亿只,四川、重庆地区的养殖量不低2.5亿只。

鸡苗主要有三个来源,一是规模化的祖代种禽繁育企业,如新广农牧和凤翔集团在云贵地区直销;二是广东、山西、河南等地的中小规模父母代种禽企业;三是竹料市场的鸡苗孵化厂,主要销往北方及四川等地。

5. 花鸡

(1) **品种特征** 花鸡是目前市场上主要的快大型土鸡品种,公鸡颈羽呈金黄色,尾羽呈黑色、有金属光泽,主翼羽、背羽、鞍羽、腹羽等为红黄色或深黄色;冠、肉垂、耳叶呈鲜红色;喙、胫、皮肤皆呈黄色;冠大,胫细长。母鸡颈羽、主翼羽、背羽、鞍羽、腹羽等均为黄色或深黄色,尾羽呈黑色;冠、肉垂、耳叶呈鲜红色;喙、胫、皮肤呈黄色;胫细长。

(2) **品种分类** 花鸡的主要消费市场为西北地区。花鸡在新疆的肉鸡消费市场中占据9成以上比例,是新疆大盘鸡的主要原材料。此外,青海、兰州、甘肃等河西走廊一带花鸡的市场占有率也超过一半。

花鸡公鸡70~80天出栏体重可达3.25千克左右,母鸡可达2.25千克左右。全年商品鸡出栏 2.5 亿~2.8 亿只。花鸡的商品代鸡苗主要有两个来源,一是南宁市良凤农牧有限责任公司、广西金陵农牧集团有限公司这类祖代种鸡企业直接生产商品代鸡苗,这两家企业年供商品代鸡苗总量超过 6000 万只;二是父母代养殖企业购买父母代鸡苗之后产蛋孵化销售,或自繁自养。

近年来,麻黄鸡、花鸡、817 肉杂鸡三者占据传统快大型土鸡消费市场主流。业内人士普遍认为,花鸡将有望取代 817 肉杂鸡,成为未来快大型土鸡的绝对主流品质。

6. 乌骨鸡

（1）**品种特征** 乌骨鸡俗称乌鸡,是土鸡中一个大类的统称,包括多个地方品种和配套系,其主要特征为鸡的皮肤、肉色、骨骼、胫、趾均为乌黑色。按照羽毛形态可大致分为丝羽乌骨鸡和片羽乌骨鸡。其中,片羽乌骨鸡又可根据羽色细分为黄麻羽乌鸡、黑麻羽乌鸡、黑鸡、白片羽乌鸡。

（2）**品种分类** 丝羽乌骨鸡中最具代表性的有江西丝羽乌骨鸡（又名泰和乌鸡）、广东竹丝鸡、福建丝绒乌鸡等。片羽乌骨鸡的代表品种配套系包括浙江江山乌骨鸡、云南腾冲雪鸡、贵州乌蒙乌骨鸡、云南无量山乌骨鸡、湖南雪峰乌骨鸡等。在众多乌骨鸡品类中,广东竹丝鸡在所有丝羽乌骨鸡中体形最大,其养殖量也最大。江西的泰和乌鸡在消费端享有较高知名度,其中,江西泰和县武山养殖的泰和乌鸡被认为"最正宗",其市场售价也最高。福建丝绒乌鸡是所有丝羽乌骨鸡中体形最小的品种。预计每年全国乌骨鸡总出栏量可达 1.2 亿~1.35 亿只。

7. 瑶鸡

（1）**品种特征** 瑶鸡原产地为广西南丹县和贵州荔波县,在广西又称为南丹瑶鸡,在贵州也称为瑶山鸡。其体躯呈菱形,胸骨凸出,喙多呈青色或黑褐色,胫、趾呈青色或黑褐色。经过不断选育,目前主流的瑶鸡母鸡为麻黄花羽,公鸡颈背部为红羽,胸腹部为黑羽或红羽、黑翅羽,尾羽较长而黑。

（2）**品种分类** 瑶鸡肉质结实细嫩、皮下脂肪少,瘦肉率达 95% 以上,是典型的瘦肉型鸡,是西南,尤其是云贵地区主流的慢速型青脚麻羽鸡。肉鸡养殖方面,瑶鸡母鸡的养殖主产区为广西,公鸡苗则主要销往云南、贵州、江苏、安徽、江西等青脚鸡主要消费区域。据调研估算，云贵川地区年出栏瑶鸡3000万~3500万只，以公鸡为主；华东（江苏、江西、安徽等地）年出栏瑶鸡1000万~1400万只，公母比例约为7∶3；广西地区瑶鸡出栏约为3000万只，基本为母鸡。

三黄鸡、麻鸡、乌骨鸡、瑶鸡是广西消费者最喜爱的四大土鸡品种。坊间对于不同品种的鸡有不同的定位：三黄鸡送礼，麻鸡白切，乌鸡煲汤，瑶鸡炒菜。由于瑶鸡具有瘦肉率高的特点，与全国多地消费者的烹饪习惯相似，广西的消费者对于瑶鸡的烹饪方式也通常为"炒"。而广东消费者由于主要食用瑶鸡的淘汰鸡，多用于煲汤。

8. 清远麻鸡

（1）品种特征 清远麻鸡又称清远鸡，原产地为广东省清远市，是国家级畜禽遗传资源保护品种。其体形特征可概括为"一楔、二细、三麻身"，一楔指母鸡体形像楔形，前躯紧凑，后躯圆大；二细指头细、脚细；三麻身指母鸡背羽主要有麻黄、麻棕、麻褐三种颜色。

（2）品种分类 清远麻鸡是典型的以母鸡市场为主的土鸡品种，根据母鸡不同的出栏日龄，慢速型的清远麻鸡主要分为1号和2号两大类。1号清远麻鸡为原种清远麻鸡，120天以上出栏，2号则为100天左右出栏。此外，近年市场上90天左右出栏的中速型清远麻鸡养殖数量也逐步增加。据估算，1号、2号、中速型清远麻鸡的养殖比例约为2∶4∶3。

9. 胡须鸡

（1）品种特征 胡须鸡又名三黄胡须鸡，在消费端以"惠阳胡须鸡""龙门胡须鸡"最为出名，原产于广东惠州市的博罗、惠阳、龙门和惠东等县。

惠阳胡须鸡体形中等，胸深背宽，胸肌发达，后躯丰满。喙粗短，呈黄色。单冠直立，冠齿有6~8个，呈红色。耳叶呈红色。虹彩呈橙黄色。颌下有发达的胡须状髯羽，无肉垂或仅有一些痕迹。胫、皮肤均呈黄色。公鸡背部羽毛呈枣红色，颈羽、鞍羽呈金黄色，主尾羽多呈黄色，有少量黑色，镰羽呈墨绿色，有光泽。母鸡全身羽毛呈黄色，主翼羽和尾羽有些呈黑色。雏鸡全身绒毛呈黄色。其标准特征为"三黄一胡"，"三黄"指全身羽毛、喙、爪均为浅黄色或橙黄色，

"一胡"指颌下无肉垂或仅有一些痕,附有发达而张开的羽毛,状似胡须。

(2)品种分类 胡须鸡目前的主要消费市场在广东,尤其以广州、惠州、深圳等珠三角地区,河源、梅州等粤东地区为主。由于胡须鸡颌下无肉垂,在屠宰之后具有区别于其他肉鸡品种的识别特性,认为具有较高的屠宰加工潜力。

10. 其他地方品种

本文中罗列了部分其他地方土鸡品种详细情况,见表3-2。

表3-2 部分其他地方土鸡品种详细情况

土鸡品种	原产地	特点	平均出栏体重	养殖区	养殖量	代表企业
文昌鸡	海南文昌市	体形方圆,脚胫细短,皮薄骨酥	上市日龄母鸡为120日龄左右,体重为1.3~1.5千克	海南全省,广东少量养殖	9000万~10000万只	海南龙泉文昌鸡集团公司、海南潭牛文昌鸡育种有限公司
雪山草鸡	江苏常州市	体形中等、青脚细腿、外观美丽,公鸡红背黑尾,母鸡麻羽	上市日龄公鸡为85日龄左右,母鸡为120日龄左右,体重为1.25~1.5千克	江苏、浙江、安徽	8000万只以上	江苏立华牧业股份有限公司
怀乡鸡	广东省茂名市信宜市怀乡镇	具三黄鸡(黄羽、黄喙、黄爪)特征,怀乡鸡分大、小两型	1.3~1.7千克(母鸡)	广东湛江、茂名周边地区	8000万只以上	广东盈富农业有限公司
杏花鸡	广东肇庆市封开县杏花、渔涝一带	"两细"(头绷、脚细),"三黄"(黄羽、黄喙、黄爪),"三短"(颈短、体躯短、脚短)	母鸡为1.59千克,公鸡为1.952千克	广东的怀集、德庆、郁南、新兴、番禺、肇庆、佛山、广州等地,广西也有引入饲养	数百万只	封开县智诚家禽育种有限公司、封开广远家禽育种有限公司

（续）

土鸡品种	原产地	特点	平均出栏体重	养殖区	养殖量	代表企业
崇仁麻鸡	江西抚州市崇仁县	体形方圆，脚胫细短，皮薄骨酥	成年体重为1.2~1.3千克（母鸡）	江西省抚州市周边地区	6000万只以上	抚州市临川龙鑫生态养殖有限公司
泰和乌鸡	江西吉安市泰和县	丛冠、缨头、绿耳、胡须、丝毛、毛脚、五爪、乌皮、乌肉、乌骨	90日龄体重为600~800克	全国均有养殖	200万只以上（泰和当地）	泰和凤升农牧科技有限公司
宁都黄鸡	江西赣州市宁都县	"三黄"（黄羽、黄喙、黄爪）、"五红"[红冠、红髯（肉垂）、红脸、红眼圈、红耳叶]	110日龄体重为1.25~1.4千克（母鸡）	江西赣州	10000万只	江西惠大农牧有限公司
湘黄鸡	湖南省湘江流域	"三黄"（黄羽、黄喙、黄爪），体质结实，前胸较宽，背腰平直，体躯稍短，呈椭圆形	120日龄体重公鸡为1170克，母鸡为946克	湘江流域和京广铁路沿线	近几年急剧减少，数百万只	衡南县湘黄鸡原种场
石门土鸡	湖南省常德市石门县	鸡冠较小而性情温顺；羽色有黑、红、黄、麻等；脚为黄色、青黑色	成年鸡体重为1.8千克左右	湖南省常德市、岳阳市、益阳市等	5000万只（2017年）	湖南湘佳牧业股份有限公司

二、正确合理引种

土鸡养殖成功与否，涉及品种、营养、饲养管理三大方面因素影响，而选好品种至关重要。以下表格罗列了部分重要品种的市场信息及生产厂家，在进行品种采购时可以参考，避免引入来历不明的种源。部分土鸡品种的生产情况及生产厂家信息见表3-3。

表 3-3 部分土鸡品种的生产情况及生产厂家信息

序号	品种	祖代年均存栏量/万套	父母代年均存栏量/万套	肉鸡年出栏量/万只	部分生产厂家（排名不分先后）
1	广西三黄鸡	25~27	760~800	58000~60000	广西参皇养殖集团有限公司、广西祝氏农牧有限公司、鹤山市墟岗黄畜牧有限公司、广东智威农业科技股份有限公司、广西容县黎村家禽协会、广西新天地农牧集团有限公司、广西兴和丰禽业有限公司、广东温氏南方家禽育种有限公司、广西春茂集团有限公司、广西鸿光农牧有限公司、广西金陵农牧集团有限公司、广西凉亭集团有限公司、广西富民牧业有限公司、开平市绿皇农牧发展有限公司、佛山市南海种禽有限公司
2	麻黄鸡	29	650~700	52000~56000（其中供港约8000）	广东智威农业科技股份有限公司、惠州市惠丰农业开发有限公司、清远市弘顺农牧有限公司、惠州市金种农业科技股份有限公司、广西参皇养殖集团有限公司、佛山市高明区新广农牧有限公司、台山市科朗现代农业有限公司、台山河东禽业有限公司、珠海市裕禾农牧有限公司

(续)

序号	品种	祖代年均存栏量/万套	父母代年均存栏量/万套	肉鸡年出栏量/万只	部分生产厂家（排名不分先后）
3	广西麻鸡	19	300~320	40000~45000	广西凤翔集团；广西园丰牧业股份有限公司；广西参皇养殖集团有限公司；广西祝氏农牧有限公司；广西富凤集团；广西金陵农牧集团有限公司；鹤山市墟岗黄畜牧有限公司；灵山县家禽业协会
4	青脚麻鸡	23	480~520	40000~45000	佛山市高明区新广农牧有限公司；广西凤翔集团；广东温氏南方家禽育种有限公司；南宁市良凤农牧有限责任公司；桂林大发养殖（集团）有限公司；鹤山市墟岗黄畜牧有限公司；珠海市裕禾农牧有限公司；广西华桂源种禽有限公司
5	花鸡	18	270~300	25000~28000	广西金陵农牧集团有限公司；佛山市高明区新广农牧有限公司；兴业县全常富养殖有限责任公司；鹤山市墟岗黄畜牧有限公司

(续)

序号	品种	祖代年均存栏量/万套	父母代年均存栏量/万套	肉鸡年出栏量/万只	部分生产厂家(排名不分先后)
6	乌骨鸡	8	130~140	12000~13500	温氏食品集团股份有限公司 广西金陵农牧集团有限公司 江苏立华牧业股份有限公司 鹤山市墟岗黄畜牧有限公司 广西贵港市港丰农牧有限公司	珠海市裕禾农牧有限公司 泰和凤升农牧集团有限公司 无量山乌骨鸡保种场 广西贵港市港丰农牧有限公司 广西鸿光农牧有限公司
7	瑶鸡	5.5	120~150	8000~10000	广西凤翔集团	广西参皇养殖集团股份有限公司
8	清远麻鸡	17	170~180	10000~12000	广东天农食品有限公司 开平市绿皇农牧发展有限公司 广东智威农业科技股份有限公司	温氏食品集团股份有限公司 清远市凤翔麻鸡发展有限公司 惠州市金种农业科技股份有限公司
9	胡须鸡	3	90	3000~3500	惠州兴泰现代农业有限公司 广西凉亭集团有限公司	博罗县建农畜牧有限公司 博罗县石坝镇三黄畜牧有限公司

三、加强种鸡的选留

土鸡养殖,除了商品代饲养之外,有些有经济实力的养殖户会根据自己的资金预算,选择父母代种源引入。而养殖户普遍的思路是种鸡贵,饲养过程中不愿意进行种鸡的选留,从而导致种鸡饲养过程中的成本增加。

为了提高良种的经济效益,建议从以下几方面进行种鸡的选留。

1. 种鸡 8 周龄的选留

对于种鸡来说,无论是祖代还是父母代,在饲养到 8 周龄时,都需要进行第一次选择。这是因为种鸡的体重同其亲本在 6~8 周龄时的体重密切相关,所以种鸡应在 8 周龄时进行以体重为主的选择。对于地方品种的肉用型鸡的选种,如果考虑提高早期的生长速度,在 8~10 周龄对体重进行选择也是必要的。

为了选择体重,必须对种群进行个体称重,并记录。在个体称重的同时应对那些有生理缺陷的如失明、跛行、带伤者和有病的鸡先行选出淘汰,然后根据称重资料,公、母鸡体重分别统计、排名。对于土鸡,可以根据选留比例,淘汰体重偏小的部分个体。

2. 开产前母鸡的选留

无论是育成期或性成熟前(产蛋前)转群到产蛋鸡舍,还是一直留在原来鸡舍,性成熟前都应进行选留,除去劣等鸡。这时的选择主要根据母鸡生理特征及外貌进行。性成熟的母鸡冠和肉垂颜色鲜红、羽毛丰满、身体健康、结构匀称、体重适中、不肥不瘦。淘汰那些发育不全、生理缺陷、干瘦、两耻骨间距特别小、末端坚硬、腹部粗糙无弹性的个体。对于公鸡的第二性征发育不全如跌冠、面色苍白、精神不佳者也应淘汰。

3. 产蛋高峰后的选留

肉种鸡的第三次选留,也是最后一次选留,是在母鸡产蛋高峰过后,约在 40 周龄后进行。之所以在这个时期进行选留,是因为母鸡经过产蛋十几周后,高产鸡、低产鸡与无产鸡都明显表现出来,选择最为准确。这时的选留可以根据外貌特征和母鸡腹部结构两个方面进行(表 3-4 和表 3-5)。

表 3-4　产蛋鸡与停产鸡的区别

项目	产蛋鸡	停产鸡
冠、肉垂	大而鲜红，丰满，温暖	小而皱缩，色浅或暗红色，干燥，无温暖感
肛门	大而丰满，湿润，呈椭圆形	小而皱缩，干燥，呈圆形
触摸品质	皮肤柔软细嫩，耻骨薄而有弹性	皮肤和耻骨硬而无弹性
腹部容积	大	小
换羽	未换羽	已换或正在换羽
色素	肛门、喙、胫已褪色	肛门、喙、胫为黄色

表 3-5　高产鸡与低产鸡的区别

项目	高产鸡	低产鸡
头部	大小适中、清澈、头顶宽	粗大、面部有较多脂肪、头过长或短
喙	稍粗短，略弯曲	细长无力或过于弯曲，形似鹰嘴
头饰	大、细致、红润、温暖	小、粗糙、苍白、发凉
胸部	宽而深，向前凸出，胸骨长而直	发育欠佳，胸骨短而弯
体躯	背长而平，腰宽，腹部容积大	背短，腰窄，腹部容积小
尾	尾羽开展，不下垂	尾羽不正、过高、过平、下垂
皮肤	柔软有弹性，稍薄，手感良好	厚而粗，脂肪过多，发紧发硬
耻骨间距	大，可容 3 指以上	小，可容 3 指以下
换羽情况	换羽开始迟，延续时间短	开始早，延续时间长
性情	活泼，易管理	动作迟缓或过野，不易管理
觅食力	强，嗉囊经常饱满	弱，嗉囊不饱满
羽毛	表现较陈旧	整齐新洁

根据表 3-4 和表 3-5 两个标准，选出那些低产及无产蛋鸡，只养高产的母鸡。另外，种鸡的整个饲养过程中，只要发现有不健康、不正常的鸡，饲养员每天都应及时提出，由技术员鉴定是否要淘汰或治疗。

4. 种鸡的利用年限

母鸡开产以后,第一年产蛋量最高,以后逐年下降,以第一年为 100%,第二年有 80%,第三年有 70%,第四年有 60%,第五年有 50%,因此饲养老母鸡是不经济的。现在由于生产水平的提高,培育新母鸡的成本大为下降,种鸡场为了获得最高的产蛋量,种鸡群是年年更新的,母鸡只用一年便淘汰。种公鸡的活力也以第一年最强,种公鸡一般随着母鸡的淘汰而一起淘汰。

第四章
合理使用饲料，向成本要效益

第一节 饲料加工与利用的误区

一、饲料的分类误区

1. 对单一饲料原料认识不足

生产中，单一饲料原料各有其特点，有的以供应能量为主、有的以供应蛋白质和氨基酸为主、有的以供应矿物质或维生素为主、有的粗纤维含量高、有的水分含量高、有的是以特殊目的而添加到饲料中的产品，所以单一饲料原料普遍存在营养不平衡、不能满足畜禽的营养需要、饲养效果差的问题，有的饲料还存在适口性差、不能直接饲喂畜禽、加工和保存不方便的缺陷，有的饲料含抗营养因子和毒素等问题。

2. 对配合饲料的种类不清楚

配合饲料是应用现代营养科学原理，根据不同畜禽在不同的生理阶段、不同生产目的和生产方式对营养的需要，将多种饲料原料按照科学比例，经工业生产工艺配制，并生产出均匀、能直接饲喂动物的商品饲料。

配合饲料的种类很多，按其营养特性可分为如下几种：

(1) 全价配合饲料 全价配合饲料中除水以外无须添加和饲喂任何数量和种类的其他物质便能够满足畜禽生活和生产所需要的各种营养成分的饲料，它可用来直接饲喂畜禽。全价配合饲料的原料构成有能量饲料、蛋白质饲料、常量矿物质饲料（钙、磷、食盐等精料补料）、微量元素添加剂（铁、锌、铜、硒、锰、碘、钴等补充物）、氨基酸添加剂和维生素添加剂。此外，全价配合饲料中还常加有非营养性添加剂。

(2) 浓缩饲料 浓缩饲料又称平衡配合料或维生素-蛋白质补充料。由添加剂预混料、蛋白质饲料、钙、磷及食盐等按配方配制而成，是全价配合饲料的组分之一。因必须加上能量饲料组成全价配合饲料后才能饲喂，配制时必须知道拟搭配的能量饲料成分，方能保证营养平衡。如饲养肉用仔鸡，育肥前期浓缩饲料通常占全价配合饲料的30%，能量饲料占70%，俗称三七料；到了育肥后期，则前者占20%，后者占80%，俗称二八料。

（3）添加剂预混料　添加剂预混料是由多种微量元素添加剂与稀释剂组成的均匀混合物，即是一种借助载体或稀释剂将一种或多种营养性或非营养性微量组分均匀分布、降低其浓度，并添加在浓缩饲料或全价饲料中的特殊组分的预混合物。它由微量元素、维生素、氨基酸、营养性或非营养性添加剂与载体或稀释剂组成。

饲料添加剂或添加剂预混料中的载体，是一种能接受和承载粉状活性成分的可食性物料，表面粗糙或具有小孔洞。常用的载体为粗小麦粉、麸皮、稻壳粉、玉米芯粉、石灰石粉等。稀释剂也是可食性物料，但不要求表面粗糙或有小孔洞。二者的作用都是扩大体积和有利于混合均匀。

预混合饲料在配合饲料中所占的比例很小，一般占0.5%~10%，多集中在1%~5%的范围内。预混合饲料与蛋白质饲料按一定比例配合生产出浓缩饲料。

二、评价配合饲料的误区

1. 重名牌，认为价格贵的饲料好

有的养殖户为了提高生产性能，无论市场行情如何，总喜欢使用知名厂家的饲料。虽然绝大部分名牌饲料的质量比较稳定，但因价格高，生产成本也会增加。有些厂家虽然知名度一般，但饲料品质也不错，最好根据品牌、价格、应用效果、口碑及售后服务等来选择。

2. 盲目轻信厂家的宣传

一些公司喜欢炒作概念，如生物肽、活性蛋白修饰物质、基因技术产品、纯天然超临界提取物、纳米技术产品、蜂胶、深海鱼油、未知促生长因子等，作用效果未得到充分证实，有些仅仅停留在实验室研究阶段，欺骗养殖户，夸大产品的效果，到最后吃亏上当的仍是养殖户自己。

3. 过于关注饲料的颜色

饲料公司的产品会根据市场原料品质和价格进行实时调整，从而确保产品物美价廉。但大宗原料的改变，经常会使产品感官发生变化，如产自阿根廷、巴西和美国的大豆，会因压榨工艺不同而使豆粕成品有色

差。颜色发生变化往往不被终端养殖户所接受,这使得饲料公司产品不能根据市场原料波动进行及时调整,最终遭受损失的是养殖终端。其实,只要饲料公司品管体系完善,严格按照标准执行,产地不同导致的原料色差并不影响饲料成品质量。因此,成品颜色的正常变化不能作为判断饲料好坏的严格标准,依靠感官来判定饲料品质,不够全面和客观。

4. 仅把标签标注的分析保证值作为评价饲料好坏的标准

饲料标签是以文字、图形、符号等说明饲料产品质量、使用方法及其他内容的一种信息载体,用于规范饲料企业对成品的说明,是饲料企业对自己生产产品的一种承诺,已成为评价产品质量是否合格的重要依据之一。饲料企业严格按照标签法,在营养成分分析保证值表格中表明营养成分及其添加最低保证含量,对于有添加上限的成分则标明添加范围值。不同品种、生长阶段、饲养环境,机体对各种营养成分需求量也有所不同,因此,不能仅从分析保证值来判断饲料品质的好坏。如标签上标注的粗蛋白质含量,仅代表了饲料中粗蛋白质最低含量,其氨基酸组成是否平衡、消化利用率高低才是评价饲料品质的关键。如同为蛋白质饲料的羽毛粉、豆粕、鱼粉,虽然羽毛粉的粗蛋白质含量明显高于鱼粉和豆粕,即使将羽毛粉中短缺的氨基酸种类通过合成氨基酸予以补齐,但其利用率却明显低于后者。

5. 仅以外包装好坏作为判断饲料好坏的标准

外包装的精细和精美程度可以反映一个企业做产品的用心程度,但饲料产品本质是生产资料,需要具备最佳的投入产出比,外包装在不影响仓储和运输,不引起破包或者吸潮的前提下,对产品品质本身并无直接影响,只是给了使用者愉悦的感受,但包装袋需要成本,企业的所有生产成本都要分摊到成品上。现在越来越多的规模场开始使用散装料,一定程度上降低了养殖成本,提高了养殖效益,因此,外包装不能作为判断饲料好坏的严格标准。当然包装太差,影响使用也不可取。

【提示】

评价饲料的好坏不能仅凭厂家宣传、外包装、饲料标签、饲料颜色等判断,养殖户可以通过调查了解和实际使用效果,选择几家产品进行对比,根据料肉比的高低选出质量较好、价格适中的饲料,以降低成本。

三、加工配合饲料的误区

1. 不注意原料粉碎粒度和饲料料型粒度对动物的影响

许多养殖户在购买浓缩料、预混料配制配合饲料时,担心鸡消化不良,将玉米、豆粕等原料粉碎过细,岂不知如此会影响鸡的消化利用率。粉碎粒度对饲料活性成分基本没有影响,但粉碎有利于动物的消化吸收,合适的饲料粒度可以增加鸡胃肠道消化酶或微生物作用的机会,提高饲料的消化利用率,减少营养物质的流失、粪便排泄量及对环境的污染;能使各种原料混合均匀、生产质地均一,有效防止粉状配合料混合不均等。尽管粉碎具有不少的优点,但过度粉碎会引起粉尘飞扬,导致动物呼吸道疾病和环境污染,所以饲料粉碎粒度应有一定的范围。一般认为饲料原料粒度:前期饲料采用筛片孔径为2.0毫米、后期饲料采用筛片孔径为2.5毫米进行粉碎,肉鸡生长性能最佳。

另外,鸡采食量与饲料的粒度有关,颗粒饲料或碎粒料可增加采食量。鸡消化道(尤其是肌胃)发育受饲料粒度的影响,相对粗糙的饲料有利于消化道的发育。但饲料的粉碎粒度及饲料形态因生长阶段而异,过粗的颗粒会影响幼龄鸡的生产性能,因通过肌胃较慢,或肌胃未发育完善,不能破碎大颗粒,一旦肌胃发育完善,饲喂较粗日粮会改善生产性能。

2. 认为饲料原料的添加无顺序

配合饲料的加料程序为配比量大的组分先加入,少量或微量组分后加入;粒度大的料先加入,粒度小的料后加入;容重小的料先加入,容重大的料后加入;液体料应在粉料全部进入混合机后再喷加。

3. 饲料混合不均匀

饲料加工时要混合均匀,各种原料要严格按配方比例准确称量,搅拌时间要控制好,以防搅拌不匀或饲料分级。应特别注意的是,添加量在1%以内的添加剂,要采用多次分级预混的方法,即先用少量辅料与添加剂混匀,然后再与更多的辅料混匀,最后混入整个日粮中搅拌均匀,否则会因采食不均而发生营养缺乏或中毒。

4. 认为饲料混合的时间越长越好

饲料混合时间的长短、混合速度的快慢,主要由混合机的机型及设备本身制造精密的高低决定。一般而言，卧式混合机混合均匀所需要的时间相对短些，立式混合机则需要的时间长些，此外，混合时间的长短还取决于原料的类型及其物理特性等其他因素。一般卧式单轴混合机需3~7分钟，立式混合机需8~15分钟，不要过度混合。饲料混合时间过短，混合不均匀；混合时间过长，物料在混合机中被过度混合会造成分离，影响质量且增加能耗。

【提示】

　　配合饲料加工要考虑饲料原料类型、消化利用率、加工设备等因素，科学选择饲料原料的加工粒度、添加顺序及混合时间。

四、饲料配制的误区

1. 饲养标准选择不当

养殖户在配制饲料前，必须先详细了解所养鸡的品种、日龄、生产水平、生产目的，正确选用恰当的饲养标准或者合适的预混饲料、浓缩饲料，确定鸡的营养需要量，再与饲料的供给量结合起来，以满足鸡的各种需要，以提高饲料转化率为目的，最大限度地发挥鸡的生长和生产性能。

2. 饲料配方不合理

鸡的胃容积小、消化道短，在配制饲料时，要考虑饲料的营养水平、适口性、容积、消化率和营养成分间的平衡，既让鸡吃饱吃净，又能满足鸡的营养需要。同时，为了保证饲料营养全面、平衡，要多选用几种原料，充分发挥各饲料间的营养互补作用，使饲料成为营养全面、合理的全价饲料。

3. 未充分利用当地饲料资源

饲料占生产成本的比例较大，可达70%左右，配合日粮时要充分掌握当地的饲料来源情况和原料价格特点，因地制宜，充分开发和利用当地的饲料资源，选择饲料原料要充分利用本地价格便宜、质量好、来源有保障的饲料，尽量节省运费、降低饲料成本。

4. 对饲料原料质量重视不够

在购买饲料原料时要特别注意原料的质量。要选用新鲜、质量好、品质稳定的原料，禁用发霉变质、掺假、品质不稳定的原料。慎用含有毒素的原料，如棉籽饼含有棉酚，要严格控制用量，用量不要超过日粮的 5%。

5. 对鸡的消化生理特点考虑不充分

鸡的肠道相对较短，对粗纤维的消化利用率较低，若日粮中粗纤维含量过高，不但会增加饲料的容积，影响能量、蛋白质、矿物质、维生素的摄入，还会影响对这些营养物质的消化和吸收。因此，雏、小鸡饲料中粗纤维的含量不超过 3%，中、大鸡饲料中粗纤维的含量不超过 7%。

6. 饲料添加剂使用比较盲目

饲料添加剂有多种，在配制饲料时，要选用品种全、剂量准的添加剂。要根据鸡的品种、生长阶段、生产目的、生产水平选用不同的添加剂并确定添加比例。一定要按产品使用说明添加，特别是药物添加剂必须控制使用量和使用时间，以防中毒。

7. 饲料配方随意变动

若需要改变饲料种类或饲料配方，应逐步进行或在饲喂时有 1 周左右的过渡期，以免因饲料种类或配方的突然变化而影响鸡的消化机能及正常生产。产蛋鸡和雏鸡对饲料变化敏感，饲料配方不应频繁变动。

8. 对饲料安全性重视不够

饲料要清洁、卫生、无异物，更不能有病原微生物污染，否则，不但影响饲料的利用率，还会导致产品安全问题。因此，配制日粮时选用的饲料原料，包括饲料添加剂在内，其品质、等级必须经过严格细致的检测，过关后方可使用。

【提示】

配合饲料要严格按照饲养标准或生产实践来配制，充分考虑鸡的消化生理特点，保证饲料原料多样化、适口性好、混合均匀、饲料安全。

五、饲喂误区

1. 重蛋白质、轻能量，忽视饲料蛋白质的利用率

一些养殖户存在重蛋白质、轻能量，而且忽视饲料蛋白质利用率的现象。在肉鸡生产过程中，能量和蛋白质是两大重要营养物质，它直接

决定了肉鸡生长速度和养鸡经济效益。不同生长阶段对能量、蛋白质、钙、磷及氨基酸等营养物质的需要量是不同的。雏鸡对蛋白质的需要量很大,用于羽毛生长和内脏器官、神经、血管、脑和骨骼的发育,而饲料中的能量只是起到满足正常机体代谢的一般需要,如果此阶段能量过高,势必导致鸡采食量减少,影响蛋白质的摄入,从而影响鸡的生长发育。中、大型鸡育肥期,饲料蛋白质逐渐降低,而能量逐渐升高,是因为鸡的骨骼、脏器生长趋于平缓,体形基本确定,要求鸡在短期内肌肉快速生长,同时在后期肌肉间隙沉积大量的脂肪,所以能量逐渐提高而蛋白质水平逐渐降低。鸡体在维持生存和生产中,能量起着主导性的作用。当饲料中的蛋白质水平偏高,在蛋白质分解成能量的同时,还产生大量尿酸,引起鸡的痛风,同时还增加饲料成本,因此,高蛋白质低能量的饲料不是优质饲料。要保证能量与蛋白质平衡,让能量和蛋白质各尽其责。

2. 饲喂量和饲喂方式不科学

不少养殖户容易忽视对肉鸡采食量的管理,忽视鸡舍的清洁和饮水的管理,忽视育雏、育肥的温度,保温与通风关系处理不善。缺乏科学的管理,养殖条件如温度、湿度、光照、通风等不合理,造成舍内小气候有差异,进而影响采食量和饲料消化、吸收,从而影响到鸡群生长和发育。肉鸡饲喂量应根据体重和长势来适当把握,根据环境条件来适当调整。冬季可适当增加饲喂量以补充能量,夏季炎热可在早上、傍晚清凉时饲喂干料,中午可采用湿料,这种干湿搭配,能使鸡采食充分,分泌消化液多,饲料消化吸收好。

【小经验】

10日龄前:日饲喂量=日龄数+2;11~20日龄:日饲喂量=日龄数+1;21~50日龄:日饲喂量=日龄数;51~150日龄:日饲喂量=50+(日龄数-50)÷2;150日龄以上的鸡日饲喂量应稳定在(100±12)克。

3. 盲目使用添加剂

有的养殖户随意添加多种维生素、微量元素,这样既增加了养殖成本,又造成一些不良反应。添加剂不是使用得越多越好,各种阶段的鸡饲料都添加了足量的维生素和微量元素。如果养殖过程中再添加,就会添加过量,导致各成分的不平衡,产生腿病、软壳蛋等现象,使生产性能下降。

4. 行情不好时降低饲料使用的档次

很多养殖户为了节约养殖成本,在行情不好的时候使用便宜饲料。调查发现,坚持用优质饲料的养殖户,料肉比低;而使用低质量饲料时料肉比高,用药成本高,死淘率也高,处于赔钱状态。

5. 在肉鸡育成期使用低质量的便宜料

有的养殖户认为肉鸡育成期用料好坏都一样,就用低质量的便宜料。其实育成期是确保鸡均匀度高的重要时期,保证育成期的营养供给,才能达到育成期的培育目标。是保证上市时标准体重和标准体形的前提,也是提高鸡群均匀度、抗体水平、免疫力、性成熟和体成熟的前提。

6. 突然换料,无过渡期

肉鸡饲喂至某阶段,由于其营养需要发生变化,必须更换饲料。有些养殖户突然更换饲料品种,将原饲料全部换成新饲料,导致应激增多,采食减少,生长缓慢,肠胃不适,患病增多。

【小经验】

生产实践中,若必须换料,需要逐步过渡,一般过渡期前3天,1/3新饲料加2/3原饲料,后3天,2/3新饲料加1/3原饲料,从而使鸡群顺利完成饲料更换。

7. 使用"两掺"饲料

有些养殖户喜欢两种不同厂家的饲料放在一起用,号称"两掺"。由于很多养殖户缺乏专业知识,只靠所谓的"眼见为实",在没有专业知识和数据分析做支撑的情况下,"两掺"结果弊大于利,而且危害很多。一是改变原来饲料的营养平衡,造成鸡群生产性能下降;二是变相增加养殖成本;三是鸡群疾病隐患增多。

【提示】

肉鸡饲喂是一项技术活,饲喂方法、饲喂量、饲料更换、饲料形状选择等,要以肉鸡的实际需要为依据,切不可过于随意。

第二节 提高饲料利用率的主要途径

一、正确了解肉鸡常用饲料原料

1. 能量饲料（图 4-1）

常用能量饲料的优缺点及用量见表 4-1。

图 4-1 主要能量饲料

表 4-1 常用能量饲料的优缺点及用量

饲料名称	优点	缺点	日粮中占比（%）
玉米	可利用能量高，粗纤维少，消化率高，适口性好，脂肪含量高；脂肪含量高于其他籽实类饲料，且脂肪中不饱和脂肪酸含量高	蛋白质含量较低，为7%~9%，平均为8%；缺乏赖氨酸、蛋氨酸和色氨酸，钙、磷及B族维生素含量较低；因粉碎后易酸败变质，不易长期保存	50~70
大麦	蛋白质含量为11%，代谢能为玉米的77%，氨基酸中除亮氨酸和蛋氨酸外，均高于玉米，含有丰富的B族维生素和赖氨酸	利用率低于玉米，适口性较差，粗纤维含量高	10~30
小麦	适口性好，蛋白质含量较高，为13%，代谢能约为玉米的90%，B族维生素含量丰富	赖氨酸和苏氨酸含量低，粗脂肪和粗纤维含量也较低，含胶质，磨成细粉状湿水后会结成糊状而粘口，影响采食，还会在嗉囊中形成团状物质，易滞食	10~20
高粱	含淀粉与玉米相仿，能量稍低于玉米，蛋白质略高于玉米	品质较差，消化率低，脂肪含量低于玉米，赖氨酸、蛋氨酸和色氨酸含量低；含有单宁，适口性差	5~15

（续）

饲料名称	优点	缺点	日粮中占比（%）
稻谷	能量与玉米相似	粗纤维含量高（可达8.5%以上），代谢能水平低（仅11兆焦/千克），蛋白质含量低（仅8.3%左右）	15~20
麸皮	蛋白质含量高，达12.5%~17%，粗脂肪含量高，各种氨基酸均好于玉米，营养成分较为均衡，富含B族维生素，适口性好，有轻泻作用	苏氨酸含量低，粗纤维含量偏高，含钙少	5~10
米糠	粗脂肪和能量含量高，含有丰富的磷	粗纤维含量高，为9%左右，易酸败变质，主要是植酸磷，利用率低	8

【小知识】

能量饲料主要成分是碳水化合物，用于提供肉鸡所需的能量。粗纤维含量低于18%，粗蛋白质含量低于20%，包括谷物类、糠麸类、块根块茎类、糟渣类和薯类等，是肉鸡用量最多的一类饲料，占日粮的50%~80%。

2. 蛋白质饲料

（1）动物性蛋白质饲料 常用动物性蛋白质饲料的优缺点及用量见表4-2。

表4-2 常用动物性蛋白质饲料的优缺点及用量

饲料名称	优点	缺点	日粮中占比（%）
鱼粉	蛋白质含量高，为50%~65%，粗脂肪含量为4%~10%，富含赖氨酸、蛋氨酸、色氨酸及B族维生素，钙、磷含量丰富，比例适宜	精氨酸含量较少，国产鱼粉的含盐量偏高且易受沙门菌污染	3~5
肉骨粉	蛋白质含量为50%~60%，钙、磷、锰和赖氨酸含量较高，且比较适当，富含B族维生素	蛋氨酸和色氨酸含量低，粗脂肪含量较高，易腐败变质	<6

(续)

饲料名称	优点	缺点	日粮中占比（%）
蚕蛹	蛋白质含量高，为60%左右，蛋氨酸、赖氨酸和色氨酸含量较高	脂肪含量高，精氨酸含量较低，有腥臭味，多喂会影响产品味道；1月龄内的雏鸡不宜使用，易引起腹泻	2~5
羽毛粉	蛋白质含量高，达80%以上，胱氨酸含量高，异亮氨酸次之	蛋氨酸、赖氨酸、组氨酸、色氨酸含量均低，氨基酸极不平衡	<5

（2）植物性蛋白质饲料 常用植物性蛋白质饲料的优缺点及用量见表4-3。

表4-3　常用植物性蛋白质饲料的优缺点及用量

饲料名称	优点	缺点	日粮中占比（%）
大豆饼（粕）	蛋白质含量高，为40%~48%，赖氨酸和B族维生素含量丰富	缺少维生素A和维生素D，含钙量也不足；生大豆含有抗胰蛋白酶，影响营养物质的消化吸收	10~30
花生饼（粕）	蛋白质含量为40%~48%，适口性好，维生素B_1、烟酸、泛酸含量高	含脂肪偏高，易发生霉变，产生黄曲霉毒素	<4
菜籽饼（粕）	蛋白质含量为35%~38%，介于大豆饼（粕）与棉籽饼（粕）之间，富含蛋氨酸	赖氨酸、精氨酸含量低；含有芥酸、硫代葡萄糖苷、芥子酶及单宁，会产生有毒物质，需经去毒才作为肉鸡饲料	8
棉籽饼（粕）	蛋白质含量为33%~44%	赖氨酸不足，蛋氨酸含量也低，精氨酸过高且含棉酚等有毒成分	3~10
葵花籽饼（粕）	蛋白质含量为40%左右，粗脂肪含量不超过5%，蛋氨酸含量高于大豆饼（粕）	粗纤维常在13%左右，赖氨酸含量不足	<20
芝麻饼（粕）	蛋白质含量为40%左右，含蛋氨酸特别多	赖氨酸含量不足，精氨酸含量过高	<10（雏鸡不用）

【小知识】

粗蛋白质含量大于20%，粗纤维含量小于18%的饲料为蛋白质饲料。其中以大豆饼（粕）最好，菜籽饼和棉籽饼含有毒有害物质，用时要进行脱毒处理，并严格限制用量；花生饼（粕）适口性虽好，但多吃易致泻，易被黄曲霉菌污染，造成黄曲霉毒素中毒，应妥善保管。

3. 矿物质饲料

常用矿物质饲料的优缺点及用量见表4-4。

表4-4 常用矿物质饲料的优缺点及用量

饲料名称	优点	缺点	日粮中占比（%）
贝壳粉	含有94%的碳酸钙（38%的钙），可加工成粒状和粉状两种，粗细各半混合使用，补钙效果更佳	利用率低	2~8
肉骨粉	钙、磷含量丰富，约为32%和14%，比例适当	品质差异较大	1~3
石粉	含钙量高，高达38%，价格低廉	注意铅、汞、砷和氟的含量，不能超过安全范围	<2（雏鸡、育成鸡）
磷酸氢钙	含钙23.2%、磷18.5%	注意含氟量不能超过0.2%	2~3
食盐	是钠和氯的来源，植物性饲料缺钠和氯，必须额外补充	用量过大易中毒	0.3~0.37

【小知识】

为了满足肉鸡的需要，应在其日粮中补加钙、磷、钠、氯及各种微量元素，而钾、硫、镁在饲料原料中含量丰富，一般不予添加。

4. 维生素饲料

规模化养鸡场主要通过使用维生素添加剂，包括人工合成的各种单项维生素及复合维生素。此外，也可喂食青绿饲料。青绿饲料包括幼嫩的栽培牧草（如紫花苜蓿、三叶草、聚合草、黑麦草等）、蔬菜类（白菜、青菜、甘蓝、萝卜等）、野草和水生饲料（如水浮莲、水花生、浮萍等）。

5. 饲料添加剂

【小知识】

饲料添加剂能提高饲料利用率，完善饲料营养价值，促生长和防治疾病，减少饲料在贮存期营养物质损失，提高适口性，增进食欲，改进产品品质等。饲料添加剂分营养性和非营养性两类。

（1）营养性添加剂

1）微量元素添加剂。主要用于补充饲料中微量元素的不足。有单一的，也有复合的。一般饲料中的含量不计，另外用无机盐以添加剂的形式按肉鸡的需要量补充到饲料中。常用的微量元素添加剂见表4-5。

表4-5 常用的微量元素添加剂

微量元素	添加剂名称
钠	氯化钠、硫酸钠、磷酸二氢钠
镁	硫酸镁、氧化镁、氯化镁
铁	柠檬酸亚铁、富马酸亚铁、乳酸亚铁、硫酸亚铁、氯化亚铁、氯化铁
铜	氯化铜、硫酸铜
锌	氧化锌、氯化锌、碳酸锌、硫酸锌
锰	氯化锰、氧化锰、硫酸锰、碳酸锰
钾	碘化钾、碘化钠、碘酸钾
钴	氯化钴
硒	亚硒酸钠

2）氨基酸添加剂。主要有DL-蛋氨酸、L-赖氨酸及硫酸盐或盐酸盐、L-苏氨酸、L-色氨酸、L-精氨酸、甘氨酸和L-酪氨酸等添加剂。在配合饲料时，根据肉鸡的饲养标准及饲料中的含量，利用人工合成的氨基

酸来补充肉鸡的营养需要，从而提高饲料蛋白质的营养价值，减少饲料浪费，提高经济效益。常规肉鸡日粮中氨基酸添加量为 0.7%~1.2%。氨基酸添加剂的形式目前主要有固态和液态两种。

3）维生素添加剂。主要用来补充饲料中维生素的不足，有单一制剂，也有复合制剂。

一般而言，维生素添加剂可根据饲养标准和产品说明添加。具体应用时，还要根据日粮组成、饲养方式、鸡的日龄、健康状况、应激与否等适当添加。维生素添加剂的用量通常在配合饲料中添加 0.1% 或加辅料时添加 0.5%~1.0%。

(2) 非营养性添加剂

1）防霉剂。如甲酸、甲酸铵、甲酸钙、乙酸、双乙酸钠、丙酸、丙酸铵、丙酸钠、丙酸钙、丁酸、丁酸钠、乳酸、苯甲酸、苯甲酸钠、山梨酸、山梨酸钠、山梨酸钾、富马酸、柠檬酸等，主要作用是防止饲料发生霉变，降低使用价值。

2）抗氧化剂。如二丁基羟基甲苯（BHT）、丁基羟基茴香醚（BHA）、乙氧基喹啉、没食子酸丙酯等，主要防止脂溶性维生素和脂肪被氧化而酸败，一般添加量为 0.01%~0.05%。

3）酶制剂。包括消化酶类和非消化酶类。消化酶主要有淀粉酶、脱支酶、蛋白酶、脂肪酶等，用于补充肉鸡自身消化酶分泌不足；非消化酶以纤维素酶、半纤维素酶、植酸酶等为主，能促使饲料中某些营养物质或抗营养因子降解。除植酸酶外，主要以复合酶制剂的形式应用。复合酶制剂通常以纤维素酶、木聚糖酶和 β-葡聚糖酶为主，以果胶酶、蛋白酶、淀粉酶、半乳糖苷酶、植酸酶等为辅。

4）多糖和寡糖类。如低聚木糖、低聚壳聚糖、甘露寡糖、果寡糖等，可以提高对营养物质的利用率，改善肠道菌群平衡。

5）微生态制剂。利用正常微生物或促进微生物生长的物质制成的活的微生物制剂。具有调节肠道微生物菌群，快速构建肠道微生态平衡的功效，能明显改善肉鸡生产性能、免疫器官指数、血液生化指标、肠道菌群及组织学结构完整性。常用的微生态制剂有地衣芽孢杆菌、枯草芽孢杆菌、两歧双歧杆菌、粪肠球菌、屎肠球菌、乳酸肠球菌、嗜酸乳杆菌、干酪乳杆菌、乳酸乳杆菌、产朊假丝酵母、酵酒酵母、沼泽红假单胞菌等。

6）中草药添加剂。把我国传统中草药的物性、物味和中兽医理论有机结合，在饲料中添加一些具有益气健脾、消食开胃、补气养血、滋阴生津、镇静安神等扶正祛邪和调节阴阳平衡的中草药。如黄芪、当归、白头翁、松针粉、蒲公英、金银花、连翘、乳香、大青叶各20克，黄柏、车前子、夏枯草、泽兰叶、甘草各10克，粉碎后按0.3%混饲，可以提高饲料利用率。

自2020年1月1日起，退出除中药外的所有促生长类药物饲料添加剂品种，如角黄素、柠檬黄素、虾青素等。

各类饲料添加剂的用量极少，必须在日粮中混合均匀，否则易发生营养缺乏症，或因采食过量而中毒。添加剂预混料应存放在干燥、阴凉、避光处，且开包后尽快用完，贮存时间不宜过长。

二、科学加工饲料

一般来说，未加工的饲料适口性差，难以消化。有些饲料如饼粕类，鸡采食后经体内水分浸泡膨胀，易引起嗉囊损伤甚至胀裂，造成损失。因此，一般饲料在饲用前，必须经过加工调制。经过加工调制的饲料，便于鸡采食，改善适口性，增加食欲，提高饲料的营养价值。

1. 粉碎

油饼类和籽实类饲料原料必须用粉碎的方法进行加工。因它们皮壳坚硬，整粒喂给不容易被消化吸收，尤其雏鸡消化能力差，只有粉碎坚硬的外壳和表皮后，才能很好地消化吸收。因此，为了更有效地提高各种精饲料的利用价值，整粒饲料必须经过粉碎或磨细。但是也不能粉碎得太细，太细的饲料不利于鸡采食和吞咽，适口性也不好。一般只要粉碎成小颗粒即可。

因富含脂肪的饲料粉碎后容易酸败变质，不易长期保存，所以此类饲料不要一次粉碎太多。

2. 制粒

粉状饲料的体积太大，运输和鸡采食都不方便，且饲料损失多，饲料的制粒则可以避免此种损失。将配合饲料的原料粉碎、混合、加蒸汽，再压制成颗粒状，可提高饲料营养成分的均匀性、全价性，避免鸡择食，减少饲料浪费。制粒可采用颗粒饲料制粒机制成，一般是将混合粉料用蒸汽处理，经钢筛孔挤压出来后冷却而成。

【提示】

　　饲料加工方法的选择，应根据肉鸡的饲养阶段、生产用途、饲养方式及使用便利性等来确定。

三、科学配制日粮

1. 配制原则

（1）**营养全面**　配制日粮时，必须以肉鸡的饲养标准为基础，结合生产实践经验，对标准进行适当的调整，以保证日粮的全价性；同时，注意饲料的多样化，做到多种饲料原料合理搭配，以充分发挥各种饲料的营养互补作用，提高日粮中营养物质的利用率。

（2）**经济原则**　选择饲料时应考虑经济原则，尽量选用营养丰富、价格低廉、来源方便的饲料进行配合，注意因地制宜，因时制宜，尽可能发挥当地饲料资源优势。

（3）**适口性**　配制饲料必须考虑土鸡的消化生理特点，选用适宜的原料，注意日粮品质和适口性，忌用有刺激性异味、霉变或含有其他有害物质的原料配制日粮。日粮的粗纤维含量不能过高，一般不宜超过5%，否则会降低饲料的消化率和营养价值。

（4）**稳定性**　所选用的饲料应来源广而稳定，日粮也要保持相对稳定。若确需改变时，应逐渐更换，最好有1周的过渡期，以免影响食欲，降低生产性能。配制日粮必须混合均匀，加工工艺合理。

2. 配制方法

日粮配制的方法有试差法、对角线法、联立方程法、线性规划法等，使用较多的是试差法。试差法是先列出养分含量和肉鸡的营养需要；从满足能量、粗蛋白质需要开始（然后再满足矿物质、氨基酸），设计出初步配方，并计算出各种营养成分的和；然后再与标准对比，逐步地对配方做适当调整，直到符合要求为止。有条件的肉鸡场可采用电脑配方软件进行设计，以使配方更科学。

在此以试差法为例,利用玉米、麸皮、豆粕、鱼粉、骨粉、石粉等原料为产蛋率65%~80%的母鸡配制饲料。配制步骤如下:

【提示】

试差法设计时,为简便运算,可采用Excel工作表来计算。

(1) **查饲养标准** 确定产蛋率为65%~80%的母鸡的营养需要,见表4-6。选择饲料原料,并查饲料原料营养价值表,见表4-7。

表4-6 产蛋率为65%~80%的母鸡的营养需要

营养指标	代谢能/(兆焦/千克)	粗蛋白质(%)	钙(%)	有效磷(%)	蛋氨酸+胱氨酸(%)	赖氨酸(%)	蛋氨酸(%)
需要量	11.51	15.00	3.25	0.35	0.57	0.66	0.33

表4-7 所选用饲料原料的营养价值

饲料	代谢能/(兆焦/千克)	粗蛋白质(%)	钙(%)	有效磷(%)	赖氨酸(%)	蛋氨酸+胱氨酸(%)	蛋氨酸(%)
玉米	13.81	8.7	0.02	0.12	0.24	0.38	0.18
麸皮	6.82	15.7	0.11	0.24	0.58	0.39	0.13
豆粕	9.62	43	0.32	0.31	2.45	1.30	0.64
鱼粉	11.67	62.8	3.87	2.76	4.90	2.42	1.65
骨粉			31.0	14.0			
石粉			35.0				

【提示】

表中饲料养分含量可以由中国饲料成分及营养价值表查出。

(2) **初拟配方** 根据实践经验,初步拟定日粮中各种饲料的比例。产蛋鸡日粮中各类饲料的比例一般为:能量饲料55%~70%,蛋白质饲料10%~30%,矿物质饲料等5%~10%。矿物质饲料可先定一个总量,不定各个原料的具体用量。初拟配方后并计算出各种营养的和,再与标准量对比(表4-8)。

表 4-8　初拟配方的养分含量和差额

原料	用量（%）	代谢能 /（兆焦/千克）	粗蛋白质（%）	赖氨酸（%）	蛋氨酸+胱氨酸（%）	蛋氨酸（%）
玉米	60	8.286	5.22	0.144	0.228	0.108
麸皮	10	0.682	1.57	0.058	0.039	0.013
豆粕	17	1.635	7.31	0.417	0.221	0.109
鱼粉	4	0.467	2.512	0.196	0.097	0.066
合计	91	11.07	16.612	0.815	0.585	0.296
与要求相差		−0.44	1.612	0.155	0.015	−0.034
差额百分比		−3.82	10.75	23.48	2.63	−10.3

（3）判断和调整　从表 4-8 可以看出，初始配方能量比要求少 3.82%，粗蛋白质超过要求，应予以调整。根据差额百分比可以判断，应适当增加高能饲料原料，减少蛋白质较高而能量较低的原料。为提高能量可增加玉米用量，降低蛋白质则减少麸皮、豆粕、鱼粉都行。

从初始配方的养分差额中可以看到，能量的差额较少，只差 3.82%，粗蛋白质多了 10.75%。因此，当减少蛋白质时，要防止调整过多而使能量不足。在选择增减的原料品种时，应考虑两种原料等量替换。调整时首先考虑的是要将不足的养分补足，再考虑降低高于要求的养分。初步考虑调整玉米和麸皮的用量。调整的数量可做如下分析，每增加 1% 玉米并减少 1% 麸皮时，代谢能将增加 0.0699 兆焦/千克（即 0.1381 兆焦/千克 −0.0682 兆焦/千克）。为了百分之百地达到能量要求应增加玉米和减少麸皮 6.29%（即 0.44/0.0699）。即增加玉米 6.29%，减少麸皮 6.29%。初步调整后的配方及养分含量见表 4-9。

表 4-9　初步调整后的配方及养分含量

原料	用量（%）	代谢能 /（兆焦/千克）	粗蛋白质（%）	赖氨酸（%）	蛋氨酸+胱氨酸（%）	蛋氨酸（%）
玉米	66.29	9.15	5.77	0.159	0.252	0.119
麸皮	3.71	0.25	0.58	0.022	0.014	0.005

（续）

原料	用量（%）	代谢能/（兆焦/千克）	粗蛋白质（%）	赖氨酸（%）	蛋氨酸+胱氨酸（%）	蛋氨酸（%）
豆粕	17	1.64	7.31	0.417	0.221	0.109
鱼粉	4	0.47	2.51	0.196	0.097	0.066
合计	91	11.51	16.17	0.794	0.584	0.299
与要求相差		0	1.17	0.134	0.014	−0.031
差额百分比		0	7.8	20	2.5	−9.4

（4）**二次调整** 由表4-9可知，能量与要求一致，粗蛋白质和赖氨酸也与要求更为接近。但与标准相比仍不符合要求，继续进行调整。因蛋白质水平高，能量水平基本相符，现以蛋白质为基准进行调整，根据分析用玉米和鱼粉对调，增加玉米的用量，同时降低鱼粉的用量，调整量为2%［即1.17/(62.8-8.7)］。二次调整后的配方及养分含量见表4-10。由表4-10可知，能量、蛋白质均符合要求，蛋氨酸尚缺0.06%，钙尚缺3.102%、有效磷尚缺0.151%，应用合成氨基酸和矿物质饲料补足。

表 4-10　二次调整后的配方及养分含量

原料	用量（%）	代谢能/（兆焦/千克）	粗蛋白质（%）	赖氨酸（%）	蛋氨酸+胱氨酸（%）	蛋氨酸（%）	钙（%）	有效磷（%）
玉米	68.29	9.43	5.94	0.164	0.260	0.123	0.014	0.082
麸皮	3.71	0.25	0.58	0.022	0.014	0.005	0.004	0.009
豆粕	17.00	1.64	7.31	0.417	0.221	0.109	0.054	0.053
鱼粉	2.00	0.23	1.26	0.098	0.048	0.033	0.077	0.055
合计	91	11.55	15.09	0.701	0.543	0.27	0.149	0.199
与要求相差		0.04	0.09	0.041	−0.027	−0.06	−3.101	−0.151
差额百分比		0.35	0.6	6.21	−4.74	−18.18	95.42	43.14

（5）**计算矿物质饲料和氨基酸的用量** 由表4-10可知，蛋氨酸缺

少 18.18%，需先补充蛋氨酸的需求量。市场上蛋氨酸中实际含量约为 99%，因而需加 0.061%（即 0.06/0.99）就可满足要求。

补充矿物质时首先考虑骨粉，应先用骨粉满足磷的需要，再用石粉补足钙。骨粉含非植酸磷 14%，配方中尚缺磷 0.151%，需用骨粉为 1.08%（0.151/0.14）。骨粉提供的钙为 0.335%（即 1.08%×31%），配方中还需石粉补充的钙为 2.766%（即 3.101%-0.335%）。需用石粉为 7.9%（2.766/0.35）。石粉、骨粉合计用量为 8.98%，食盐用 0.3%。氨基酸、矿物质总用量为 9.341%。此量比预留量 9% 多 0.341%，因而可在玉米中减去 0.341%，则玉米实际用量为 67.95%。

【小经验】

市售的蛋氨酸中实际含量约为 99%。骨粉既含钙，又含磷，石粉只含钙。食盐可设定用量为 0.30%。不足 100% 时可用玉米或载体（或添加剂）补齐，一般情况下，在能量饲料调整不大于 1% 时，对饲粮中能量、蛋白质等指标引起的变化不大，可忽略不计。

（6）列出饲料配方　饲料配方：玉米 67.95%、麸皮 3.71%、豆粕 17%、鱼粉 2%、骨粉 1.08%、石粉 7.9%、食盐 0.3%、蛋氨酸添加剂 0.06%，合计 100%。

【小经验】

配制日粮时先考虑代谢能、粗蛋白质，再考虑钙、磷含量及比例，最后考虑微量元素及维生素含量。要满足饲料中粗蛋白质含量，先选择鱼粉、豆粕等；要满足代谢能指标，则以玉米、小麦为主饲料。

第五章
做好商品土鸡饲养，向习惯要效益

第一节　商品土鸡饲养管理中的误区

很多养殖户经历了多批次的商品土鸡养殖，可是经济效益都不明显，养殖户会形成自己的养殖习惯，觉得自己以前就是这样饲养的，对于技术员的技术指导很多都不听，导致最终的效益无法最大化。针对养殖户的这些习惯，本节总结了以下在商品土鸡饲养中存在的一些误区，希望养殖户看到后有所感悟。

一、饲养规模不当

每个养殖户自己的劳动力都是有限的，一定要根据自己家庭的劳动力数量确定进苗数量，否则，在饲养过程中将不可能做到管理细化，因为过度饲养时养殖户根本忙不过来。

建议每个养殖户饲养规模以每个劳动力每批饲养 8000~10000 只为标准，单个养殖户每批饲养量上限不超过 20000 只为宜。

二、进雏前的准备工作不足

有些养殖户在饲养商品土鸡的同时要兼顾家庭劳动，如农田、菜地等工作。往往会忽视进苗前的准备工作，养殖户会觉得上一批鸡都养得好好的，还要准备什么？

建议进苗前养殖户主要做好鸡舍消毒卫生、垫料和燃料物质储备、保温设施准备及排除安全隐患等工作，特别是要做好保温设施的准备。

三、温度控制不合理

很多养殖户怕花钱，怕烧煤，从而温度很难掌握，导致雏鸡得病，用许多药物却收效甚微。同时，也会把责任推到其他原因，而忽视真正的原因是保温不足。

1. 预温不足

进雏前，舍内预温不够，会导致雏鸡扎堆，挤压致死。养殖户都知道预温是什么意思，在雏鸡进入鸡舍之前，养殖户都要先进行鸡舍预温，但是很多养殖户只注意到鸡舍温度计显示到了预温的要求，就认为可以了，不去注意实际鸡舍的墙壁、地面及鸡笼表面的温度是否合适。如果鸡舍里面温度不均匀会使雏鸡进入鸡舍后产生感冒、下痢等疾病，进而影响消化系统、免疫系统、心血管系统发育。育雏第一周内，养殖户可以在鸡笼上面铺上消毒过的牛皮纸，这样可以防止腹部受凉，进而减少腹泻或其他疾病的发生。

2. 温度不稳定

很多养殖户用煤炉加热保温，经常会导致温度忽高忽低，从而影响雏鸡发育。温度过高，雏鸡的体热和水分散失受到影响，食欲减退，易患呼吸道疾病，生长发育缓慢，死亡率升高；温度过低，雏鸡不能维持体温平衡，相互挤堆，会导致部分雏鸡呼吸困难，卵黄停止吸收甚至死亡。

很多养殖户的一个误区是认为雏鸡是怕冷不怕热的，所以养殖户都会把育雏鸡舍的温度加到很高，害怕雏鸡受凉，但是雏鸡运输途中的温度并不是很高，如果鸡舍温度很高，雏鸡突然进入高温鸡舍，容易造成应激反应。建议育雏舍温度为25℃左右，卸完鸡开始慢慢提温，一直到雏鸡散开群、不张口喘气就是育雏的温度。

四、饲养前期不通风

商品土鸡饲养10天内、20天左右主要检查雏鸡保温与通风效果，垫料情况，保健用药效果，疫苗免疫情况，鸡群健康状况，分栏、分群和扩栏情况，饲养管理登记情况，消毒卫生，安全隐患等。

冬、春季育雏时，光想着保温，忽视适当通风换气，不能保持舍内空气新鲜，导致氨气、一氧化碳含量过高，轻的出现呼吸道症状，严重的造成中毒。

很多养殖户认为育雏时期要保温不能通风，这是错误的。不通风，鸡舍的二氧化碳浓度会迅速升高，容易造成雏鸡的呼吸性酸中毒，另一方面还会引起雏鸡缺氧,要不断地使劲喘气,这样心肺的运动量就会过大,造成心肺损伤。所以,养殖户饲养雏鸡的时候就要开始通风,但同时也要注意把握通风量,既不能小了,也不能让风直吹到鸡身上,而且要循序渐进。

通风让热量在整栋鸡舍里均匀分布,这样为育雏区域提供良好的空气质量。对于鸡群理想的环境是氧气占 19.5%,二氧化碳低于 0.3%,一氧化碳和氨气低于 0.001%,灰尘水平低于 3.4 毫克/米^3。正常的空气中二氧化碳浓度是 0.04%。

最小通风的主要目的是在鸡群的高度提供良好的空气质量,同时不产生大的风速。如果最小通风不合理,会导致较差的空气质量,从而提高氨气、二氧化碳和湿气含量,并增加生产相关的症状,如腹水。氨气的负面影响包括脚垫、眼烧伤、胸肉起泡/皮肤发炎、体重降低、均匀度较差,容易患病和失明。

关键要点:①合理的进风,小窗通风可以有效地帮助改善空气质量。②在纵向通风而没有进风小窗的鸡舍里留一个预热的空间。③使用双帘布帮助维持良好的育雏环境。

五、饲养中期管理不明

很多养殖户在养土鸡的同时需要承担其他农活,所以在土鸡养殖中注意力都在喂水、喂料环节,以为给好水料,土鸡就可以顺利生长了,往往会忽视中期的饲养管理,造成土鸡生长不良。

因此,商品土鸡饲养 30 天以后应做好以下重点工作:主要检查垫料和通风情况、夏季防暑降温(冬季防寒保暖)、鸡群健康状况、分群和分栏情况、断喙、放养管理、饲养管理登记情况、消毒卫生和药物使用安全等。

六、上市前后准备工作不足

很多养殖户不重视商品土鸡上市前后的准备工作,导致准备工作不足,对后期的商品土鸡上市造成一定的影响。

商品土鸡上市前:养殖户应做好各项上市准备工作,如运输安全、清洁消毒、夏季防暑降温、熟练抓放鸡只技巧等。

商品土鸡上市后:养殖户应及时做好栏舍及栏舍周围的清理、消毒工作及下批鸡进苗的相关准备工作。

第二节 提高商品土鸡饲养效益的主要途径

为了规范商品土鸡饲养管理，提高生产成绩，降低生产成本，提高土鸡饲养管理水平，需要从以下几方面进行综合管理。

一、做好进苗前的准备工作

进苗前的准备工作是商品土鸡饲养管理非常重要的环节，养殖户进苗前对其鸡舍进行认真检查，检查符合要求后方可进苗。

1. 做好清洗消毒工作

鸡群出栏后，应尽快做好鸡舍清洗消毒工作，通过"一扫、二洗、三消毒、四杀虫"对鸡舍内外进行彻底消毒，再空栏15天以上，以净化环境。具体清洗消毒步骤如下：

（1）**清扫** 在鸡群全部出栏后应首先拆除保温农膜、饮水器、饲料桶等用具，清除饮水器、饲料桶的残留物，清扫屋顶、横梁、吊架、墙壁等部位的尘埃和蜘蛛网，然后清除鸡舍、活动场及生活区内的垫料、鸡粪、灰尘和垃圾，不能留有卫生、消毒死角，尾鸡也应在此时全部处理完毕。

（2）**清洗** 用高压水枪按从上而下、从里到外的顺序进行彻底冲洗，做到无鸡粪、鸡毛、灰尘、蜘蛛网等残留。

清栏时拆下的水壶、料筒用清水、抹布洗净后用稀释500倍的疫灭佳（戊二醛溶液）浸泡1天，然后用清水洗净晾干，煤炉/大油桶同时用清水清洗，放于屋内洁净处。

（3）**鸡舍内外及有关设备的全面消毒（分五步进行）**

第一步：用1.6%复合酚（200升水加3瓶）对鸡舍地面和运动场进行全面喷洒，注意覆盖各个角落。喷洒氢氧化钠时注意做好个人防护工作，以免发生意外。

第二步：待鸡舍干燥之后，用稀释250倍的疫灭佳低压喷洒顶棚、墙壁、地面及运动场，每平方米表面使用300毫升稀释液，然后用清水高压冲洗干净，运动场没法冲洗的可不冲洗。

第三步：待鸡舍干燥之后，用20%生石灰水把鸡舍地面和挡水墙全部刷白，注意要覆盖整个鸡舍，不能露出水泥墙壁或地面，运动场用生石灰粉（不能结块）铺撒，再喷洒适量的水以发挥消毒作用。

第四步：通风后空舍 15 天以上，等待下次进苗的前 1 个星期，再使用稀释 500 倍的百毒杀进行舍内喷洒。水壶、料筒用稀释 500 倍的金碘浸泡 1 天后用清水洗净晾干，于进苗前 3 天在鸡舍足量摆好备用。

第五步：在进苗前 5 天对屋中屋进行熏蒸消毒，使用强力熏蒸消毒剂 3 包 / 万只鸡进行熏蒸消毒，熏蒸时先要将鸡舍做到密封不透气，然后将水壶、料桶、开食盘、铁炉、垫料及养鸡的其他用具全部摆放到熏蒸室进行熏蒸消毒。注意：要在熏蒸后的 2~3 天将鸡舍敞开通风，让熏蒸药物的气味挥发完毕后才能进苗。

消毒药物喷洒的正确顺序是：从里到外，从上至下（例如：屋顶→墙壁→水泥柱→地面）。

(4) 灭虫、灭鼠　做好消毒后，于次日对鸡舍内外及运动场用杀螨虫的农药（敌百虫 1∶200）全面喷洒，在进苗前 1 个星期再全面喷洒 1 次，以防下一批土鸡发生螨虫病。还需做好灭鼠工作，有老鼠打洞的地方即用水泥砂浆灌注。

2. 做好鸡舍外的清理消毒工作

先把鸡舍四周杂草、运动场中的鸡粪（包括冲洗鸡舍后冲到水沟里的鸡粪）铲除，集中烧毁或清扫干净，晴天用 3%~5% 氢氧化钠溶液消毒后再用 20% 石灰乳泼白。

3. 做好水线清洗工作

做好消毒后，将水池、加药桶洗净，排水，用剩下的 0.3~0.5 米水位带水清洗，用扫把打扫四周池壁和水池底部，将洗刷后的污水排走，再用清水冲洗干净，清理水池上方及周围的杂物，洗净后用 1% 氢氧化钠溶液（200 升水加 2 千克）浸泡水池、加药桶、舍内饮水管 1 天后再用清水冲洗干净，水池、加药桶加盖（先关闭运动场乳头饮水线，避免被氢氧化钠溶液破坏）。运动场乳头饮水线可以用新鲜漂白粉 2%（200 升水加 4 千克）浸泡消毒 2 天后清水冲洗备用。进苗前的 1 个星期用清水冲洗水池、加药桶和舍内饮水管，备用。

4. 做好鸡舍安全措施

加固鸡舍；更换老化、破损帐幕；检修屋顶；疏通清理排水沟，达到防风、防洪、防水漏的效果。

5. 保证用电安全

检修电线电路，及时更换老化线路，电路保证过流，每栋鸡舍安装漏电开关、主电路开关，冲洗鸡舍时一定要采取隔栋用电。

6. 备足垫料、用具

垫料储备要求：冬、春季每千只鸡储备谷壳、稻草等垫料不少于20包，夏、秋季不少于15包。

用具要求：备好开食盘10个/千只或小料桶10个/千只，小号饮水器10个/千只；大料桶20个/千只，自动饮水器6个/千只；围栏4块/千只；每户1个喷雾器或喷雾设施，2条喷枪；每栋鸡舍1个消毒池、1个洗手盆；每户工作鞋若干；温度计1支/千只。

保温毯的准备：储备足够的麻袋或保温毯，覆盖在保温架上做保温用，夏季1~2层，冬季2~3层。保温毯上不可覆盖薄膜。

7. 备足保温设施及燃料

雏鸡保温主要采用保温架法，天气寒冷时以烧烟道加煤炉或大油桶烧柴。要求每5000只鸡备地面烟道1条、煤炉或大油桶4个；柴2500千克以上，煤1000千克以上。

8. 搭建帐幕

用薄膜或卷帘布作为鸡舍外帐幕，帐幕要分为3层，上、中、下各1/3，自上而下拉动。冬、春季要用薄膜设置"屋中屋"，要求：高度为1.7米、宽度为4米（使用煤炉保温的为4米宽，使用烟道保温的为7米宽），1卡为12米^{2}育雏800~1000只鸡苗，冬季用双层农膜（有利于防止天面农膜滴水），夏季用单层农膜，并搭建在鸡舍中央。

9. 搭建保温架

每小栏的保温架长4米、宽1米、高不超过0.8米，用铁丝、竹片、木条为材料做成。做好的保温架要坚固扎实，要求架面覆盖三层麻袋都不会坠下。每1000只鸡1小栏。随着鸡不断长大，保温架也要逐渐增加以适应鸡生长的需要，一般以鸡休息时保温架内有1/3空地为宜。

10. 预温与升温

新装的保温设施应预先试温，如果升温效果不理想应考虑是否增加其他辅助设施，一般进雏前1天进行试温；雏鸡入舍前要进行升温（冬、春季要求提前1天升温），进雏前4个小时舍内温度要求达到34~36℃，初生苗可提高1~2℃。

11. 做好接雏前的准备工作

备好拉苗车，准备防雨、防晒、防寒等用具。天气炎热时，拉苗车四周帐膜一定要开放，以免空气不流通而闷死鸡苗。天气寒冷时，拉苗车除了把四周帐膜关紧外，鸡苗箱加盖毛毯。新养殖户需要管理员现场指导。若途中遇上车辆故障，应及时把鸡苗筐卸下，做好防暑或防寒工作，并及时联系其他车辆拉回鸡苗。

二、做好土鸡保温

1. 温度要求

雏鸡对温度要求非常严格，温度过低会引起冻死、压死、白痢、卵黄吸收不良及发育迟缓；温度过高，雏鸡体内水分散失大，卵黄吸收过快，会导致生理机能失调，影响生长发育。因此，必须供给雏鸡适宜的温度，一般可以参考下面提供的温度要求：1~3日龄地面温度（温度计距离地面3~5厘米测出的温度），冬、春季34~36℃，夏、秋季33~34℃，初生苗可适当提高1~2℃，以后每周下降2~3℃，到30日龄时温度不低于20℃。

2. 脱温

青年、成年鸡对于温度要求没有雏鸡严格，但是必须有适宜的温度才能保证其生产性能的充分发挥。因此，30日龄以后的鸡群，当鸡舍内温度低于18℃时，必须采取煤炉烧煤或大油桶烧柴的方法进行保温。

3. 看鸡施温

以上提供的数据仅供参考，在实际操作时，关键还是要"看鸡施温"，方法如下：

（1）**当温度合适时** 雏鸡精神饱满，活泼好动，叫声欢快柔和，食欲旺盛，羽毛平整光亮，雏鸡排出胎粪后，粪便多呈条状或呈田螺状；休息时，雏鸡均匀分布在保温架内，颈脚伸直熟睡，无奇异状态和不安的叫声。

（2）**当温度过高时** 雏鸡远离热源，张口呼吸，频频饮水，食欲减退，叫声尖锐。如在室温较低的情况下，外围与保温中心的温差较大，更容易引起雏鸡受凉，诱发疾病。

（3）**当温度偏低时** 雏鸡围在热源附近，不愿活动，羽毛松乱，发出唧唧叫声，叫声尖锐而短促，不能安静休息。

对于育雏期的温度可以根据雏鸡的表现适当地调节，大致可以按以下原则来掌握：初期宜高，后期宜低；弱雏宜高，强雏宜低；小群宜高，大群宜低；刮风阴雨天宜高，晴天宜低；夜间宜高，白天中午宜低。温度的降低要根据日龄的增长与气温情况逐步进行。

4. 扩栏和保温

在寒冷季节要注意处理好扩栏与保温的关系，随着雏鸡日龄的增大，需要提供更宽的活动面积来保证雏鸡的采食、饮水等活动，但是要注意扩栏后，随着保温空间的增大，室内温度也会随之降低，如果不注意保温通风，鸡群很容易受冷发生呼吸道等疾病，因此，扩栏时必须注意做好以下工作：

1）扩栏要逐步进行，决不能一步到位，冬季一般 5~7 天扩栏 1 次，其他季节 3~5 天 1 次。

2）扩栏时要求在气温高的晴天中午进行为好，扩栏范围视气温高低和实际密度而定。

3）扩栏后，煤炉要逐步增多，并逐步向外移动，使煤炉均匀地放置在保温棚内。若气温大幅度下降要及时回栏及加温（如加煤炉、油桶、加大烧煤、烧柴量）。

三、做好分栏、分群管理

1. 分栏要求（数量上的要求）

中速型雏鸡按 50~60 只/米^2，青年鸡按 20~22 只/米^2，成年鸡按 10~11 只/米^2 做好分栏。

2. 分群要求

（1）大小强弱分群 在进行疫苗接种和断喙时，按照"强弱、大小、病鸡进行隔离饲养"的原则进行合理分群，即将个体比较弱小的鸡单独饲喂，并加强护理，10 日龄和 20 日龄做免疫时挑出的病弱鸡直接淘汰，30 日龄做疫苗时挑出的小鸡单独分栏护理。

（2）公母分群 60 日龄前，挑出公鸡，分开饲养。

3. 防串栏

分好栏后，在饲养管理过程中，必须关好分栏门，特别是公鸡围栏一定要牢固，防止挑出的公鸡飞回母鸡栏。

4. 运动场分栏

运动场按照 5000 只鸡以内，分 1 栏，以减少运动场内鸡群应激。

四、做好土鸡饲喂

1. 雏鸡阶段

料位：每个料盘供应 100 只鸡；水位：每个饮水器供应 100 只鸡。

2. 成年鸡阶段

料位：每个大料桶供应 80 只鸡；水位：每个饮水器供应 100 只鸡。

3. 过渡阶段

雏鸡在 6~7 日龄时开始使用自动饮水器，让雏鸡适应 3 天后按 1∶1 比例逐渐替换真空饮水器，到 15 日龄全部使用自动饮水器。

4. 开饮

进雏后，先饮水后开食，一般是先饮 5% 的葡萄糖水或 8% 的红糖水，温开水的量按 1000 只鸡每天 10 千克来准备，2~3 小时后再喂料。

5. 喂料

给雏鸡喂料要"少喂勤添"，每次每个小料桶或开食盘一般投 150 克料，以后逐步增加。具体要求：雏鸡 3 日龄前，饲喂要求使用开食盘（1000 只鸡用 10 个）；3 日龄开始使用小料桶（1000 只鸡用 10 个，不加罩）；到 6 日龄小料桶加上罩网并 1∶1 开始撤掉开食盘；8 日龄全部使用小料桶（每间仅留 1 个开食盘）；在 18 日龄左右开始添加大料桶，适当减少小料桶；到 21 日龄全部用大料桶，撤掉小料桶；30 日龄开始逐步加料罩；35 日龄前完成所有料桶料罩添加。

6. 喂料次数

1~4 日龄要求每 3 小时喂料 1 次，4~14 日龄每 5 小时 1 次，14 日龄之后每天上、下午各喂料 1 次。

7. 转料

不能一步到位，要注意逐步过渡，一般要有 3 天时间过渡，每天转换时上次饲喂的饲料品种与准备饲喂的饲料品种比例分别为：2/3∶1/3；1/2∶1/2；1/3∶2/3。

8. 放牧饲喂

养殖户应在雨水后对鸡的运动场进行平整、排水并撒上生石灰（25 千克/亩，1 亩≈667 米^2），必须做好上述清洁消毒工作后，再对鸡群进行放牧。

1）夏、秋季鸡的日龄在 25 日龄以上，冬、春季 40 日龄以上实行放牧饲养。太阳照射运动场时提前放鸡，冬季有太阳照射的地方比鸡舍内温度还高。

2）运动场要放置一定数量的料桶及自动饮水器进行舍外饲喂。一般要求是：每1000只鸡4个料桶、每1000只鸡至少2个自动饮水器。

9. 正确使用饲料桶和饮水器

中大鸡要求料桶要加料桶罩；料桶和饮水器高度适中，以料桶沿口与鸡群中等鸡背部相平、饮水器沿口与中等鸡的颈部等高，中大鸡阶段每10天调整1次饮水器、料桶高度，每卡设1个较低的料桶和水桶，以备小鸡饮用。

五、处理好保温与通风的关系

适宜的温度和新鲜空气的供应是鸡群生长发育必不可少的两个基本条件。雏鸡阶段既要保证温度，又要保证通风换气良好。正确处理保温和通风的关系要求做好以下关键工作：

1. 保温棚

冬、春季（10月～第2年4月）要求小鸡保温必须搭建"屋中屋"，中大鸡搭建"天面农膜"，高度以饲养人员的高度为宜。薄膜与薄膜交接处，要留有一定的缝隙（约10厘米），便于保温架和保温棚内的废气排放及新鲜空气的流入。

2. 通风方法

合理使用鸡舍外农膜和天面农膜，中大鸡阶段冬季寒流天气和雨天可通过打开天面农膜和天窗进行通风，其他天气灵活运用三层农膜。冬季不让冷风直吹鸡体并保证舍温在16℃以上即可，夏季尽可能让风吹到鸡体以降低体温。

3. 通风要符合相应日龄鸡群的需要

既满足温度的需要，不能通风过度，又要保证良好的通风需求。规范的通风操作应遵循"从里到外、从上到下"的原则。

4. 低温通风

当保温棚内的温度偏低时，只能靠多加煤炉或油桶烧柴来进行保温，千万不要靠密封保温棚来提高温度，避免缺氧和呼吸道病的出现。

5. 要善于抓住机会换气

利用加料和白天中午气温高的有利机会，把保温棚顶部的裂缝拉开拉宽，每次 15~30 分钟，以便充分排出废气，放入新鲜空气。

6. 温度和空气适宜的标准

1）鸡在保温架内散布均匀，无张口呼吸，无打堆现象，说明温度适宜。

2）在保温棚内闻不到较浓的氨气味，保温棚薄膜纸无水珠、无灰尘，无刺鼻、刺眼的感觉，说明空气新鲜，换气良好。

7. 保温和降尘

育雏期烧火保温，雏鸡绒毛、垫料灰尘、炉灰、鸡粪等导致舍内粉尘大，在烟道上或煤炉上加水盆可以增加舍内湿度，并每天 3 次喷雾降尘加湿，育雏期湿度以 60%~70% 为宜，低于 50%（人能感觉到口干舌燥）必须喷雾加湿，中大鸡阶段鸡舍肉眼可见灰蒙蒙时，需在气温合适时打开外农膜增加对流来吹走灰层，甚至可以采取人工洒水来降尘，灰尘、温度、异味的控制能大大减少呼吸道疾病的发生。

六、做好垫料管理

1. 垫料厚度

一般雏鸡阶段可使用 20 厘米长的稻草、木屑（最好不用木屑）、谷壳（注意必须充分晒干防止发霉）作为垫料，也在谷壳或木屑上铺报纸以减少灰尘和污染水料桶。垫料厚度要求：夏、秋季以 2 厘米左右为宜；冬、春季以 3~5 厘米为宜。

2. 垫料清理程序

常清理、常更换潮湿结块的垫料。要求快大鸡每 7~10 天更换 1 次，免疫球虫疫苗的优质鸡在第 10 天清除谷壳或木屑上层的稻草，在第 20 天、60 天、100 天完全清除垫料后再铺新垫料，如果鸡舍太潮湿时，可以在地面上先洒上少量的生石灰再铺垫料。特别需要注意的是，饮水器、料桶底部的垫料最容易潮湿结块，要及时进行局部清理更换。

3. 垫料降尘

防止垫料过干可以向垫料喷洒消毒水，寒冷天气可选择在晴天 14：00 洒水降尘。

七、做好水的消毒管理

常见的饮水器：真空饮水器（俗称：小水壶）、普拉松自动饮水器（俗称：自动饮水器）。

1）小水壶适用于小鸡，自动饮水器适用于中大鸡。

2）一般从 1 日龄小鸡开始饮水时就使用。

3）用 3~4 厘米厚的砖头或木块等埋于垫料中垫于小水壶的下面（或用薄木板直接置于垫料上垫于小水壶下面），小水壶的底部与垫料相平或用饲料袋垫在下面。首次灌水不要太多，每个小水壶约加 1 千克水。随日龄增大而增加灌水量。

4）每次灌水时，应将剩余的水倒掉，用干净的布清洗内外。

5）肉鸡在 10 日龄添加自动饮水器，适应 2~3 天后以 1∶1 的比例用自动饮水器替代小水壶，一直延续到 15 日龄。

6）非免疫饮水时间，随时保持充足的饮水，小鸡水位可以调到 2/3，中大鸡水位一般调到 1/3~1/2 处。但夏季水位要适当调高一点。

7）饮水器的高度应随着鸡的生长不断调高，饮水器的沿口与鸡舍内中等鸡的颈部等高。

8）自动饮水器应每天倒 1 次脏水、每 3 天全面清洗 1 次饮水器。

9）每周进行整个饮水系统的消毒、冲洗，保持管线的清洁，确保饮水系统正常工作，可以在 200 升水中加 50 克的新鲜漂白粉或 2 片漂白粉精片进行消毒，加入漂白粉后半小时即可饮用。

10）每次用药后第 2 天冲洗水线，正常每周排空 1 次饮水线，每 20 天可夜晚添加 1 次高浓度过氧乙酸，天亮后排空主水管，即可重新使用。

11）养殖过程中，到养殖中期可以逐步更换 1 次软管，以保证软管的卫生。

12）每批鸡饲养完毕，应对饮水系统进行全部、彻底的冲洗与消毒，空栏期可以用 2% 氢氧化钠、优垢净或好力洁浸泡水线 1 天后冲洗干净备用。

八、做好运动场乳头式饮水线的安装和管理

1. 安装要求

1）水线支架选用水泥桩或铁管，两端的水泥桩一定要栽牢固，经得起钢丝绳收紧的拉力，水泥桩或铁管分为 3 个高度的卡位，分别为 20 厘米、30 厘米、40 厘米高，可以在刚放牧时把水线调到 20 厘米高，80 日龄调到 30 厘米高，100 日龄调到 40 厘米高。

2）水线两端的钢丝绳可用拉马或钢丝卡卡住，防止拉不直形成弯曲。

3）每4米安装1个支架（水泥桩或铁管），以便牢固固定水线，防止变形。

4）运动场水线一定要用钢丝绳拉直（钢丝绳卡在水线上的夹子上），尽可能平，拉平可以减少弯曲处水管污染物沉积，并减少漏水。

5）水管上每50厘米装1个乳头，方便鸡群饮水又不浪费位置。

6）购买饮水乳头选择质量较好的，质量差的容易漏水。

7）水线尽可能在树荫下延伸，并在雨棚下配备些水壶作为补充。

2. 使用维护

1）乳头饮水线安装在运动场、其水流速度慢、封闭的管内环境，很容易导致水线污染而导致肠炎多发，为此，建议乳头式饮水线不要与舍内水管连在一起，尽量不在运动场饮水线内添加药物、多种维生素等。

2）运动场水线不宜安装过长，30米以内最好，以方便清洗，每周排空1次饮水线中积水，加1次漂白粉或用细钢丝缠上布条进行物理清洁，也可每20天在晚上用高浓度过氧乙酸浸泡，早上放鸡前冲洗干净；空栏期添加高浓度过氧乙酸浸泡24小时后排出污水，用清水冲洗干净备用，空栏期把水线内的水排空，防止滋生细菌，下批次放鸡前重新冲洗水线后再使用。

3）发现有乳头漏水的，可能为沙子卡住乳头，可以活动乳头以排出，若无效可以更换新乳头。

九、做好断喙

断喙可防止啄癖及提高鸡的采食质量、减少饲料浪费，所有品种的肉鸡均要求断喙。具体要求如下：

1. 不同品种的肉鸡断喙时间

土1、土1.5、土2、土3、麻黄、矮A、胡须鸡、清远麻鸡：8~12日龄第1次断喙；清远鸡第2次断喙在75~80日龄。如果实行孵化厂1日龄断喙的鸡群，第2次修喙可在70~80日龄进行。

如果未断喙鸡群出现一定比例的啄羽现象，需要及时进行断喙。

2. 断喙操作注意事项

1）断喙前要关注肉鸡的健康状况，避免不健康鸡断喙。

2）断喙前1天开始在饲料中加入甲萘醌，连用2天，减少应激反应。

3）断喙原则上要求在晚间进行，避免与疫苗接种或转群同时进行，以减少鸡群的应激反应。

4）断喙尺寸为上喙1/2、下喙1/3，上喙和下喙一定要齐平。

5）断喙后要注意在当晚及第二天早上检查鸡群，把个别流血的鸡用切嘴机烫伤口止血。

6）断喙后，密切注意呼吸道病和球虫病，如出现，立即添加治疗性药物。

7）断喙后3天内，料桶应有足够的饲料，防止鸡啄空桶。

3. 如何避免啄羽

1）根据品种、季节不同，安排合理的密度。

2）创造良好的生活环境：饲料充足、饮水卫生、空气良好、光线适宜。

3）啄羽的时间不一。发生的主要原因有光照太强、密度大、湿热、舍内氧气不足或营养不全。若光线太强，更换灯泡；若拥挤，降低密度和加大通风。在不影响通风的情况下，可以用遮阳网、黑布等进行遮挡，减少舍内的光照强度。

4）发生啄羽时，根据以上可能的原因加强饲养管理，也可以在技术人员的指导下适当加一些盐、氨基酸、营养药等。

5）优质鸡类的饲养可在发现啄羽鸡时适当饲喂青绿饲料，但每天喂草量不宜超过全天采食量的15%。

6）一般在公母分饲后，夜间把慢羽鸡捡出单独饲养，在白天发现有被啄鸡时应立即抓出在出血部位涂甲紫，涂抹后单独圈养。

7）采取保守措施后，中、大鸡群啄羽状况无改善的，立刻进行修喙以减少损失。

十、做好日常消毒防疫工作

1）鸡舍门口要配有消毒池和洗手盆等消毒设施，并且消毒池内要经常保持有效的消毒水，用300倍稀释的复合酚（3升水加10毫升），保证

2~3 天更换 1 次消毒水，水深要求不低于 5 厘米。

2）任何人进鸡舍前必须脚踏消毒盆并洗手后方可进入鸡舍。

3）用 1000 倍稀释的百毒杀（200 升水加 200 毫升）带鸡消毒，每周 2~3 次，鸡舍周围每周消毒 1 次。

4）养殖户与公司合作养鸡期间，不得在鸡舍内及鸡舍周边混养其他禽类。

5）死淘鸡必须登记后投入尸井做无害化处理，严禁养殖户到处乱扔死鸡。

6）雨季运动场消毒至为关键，雨停后及时清理积水，撒生石灰到烂泥处。

7）潮湿垫料清除后，可以先撒一层生石灰或草木灰用以消毒和吸潮，再铺一层垫料。

8）减少养殖户之间互相串舍，避免交叉感染。

十一、落实好安全生产管理措施

在平时的肉鸡饲养管理工作中，除了落实各项防疫消毒、防暑降温、防寒保暖措施外，还应注意以下意外事故的防范工作。

1. 预防火灾

1）煤炉和烟管不能与可燃物（如垫料、薄膜、麻包、电线、木梁）接触，煤炉或油桶底部最好使用 8 块砖块垫住。

2）检修电线线路，及时更换老化电线，安装漏电开关。

3）鸡舍应 24 小时有人值班管理。

2. 保持舍内空气质量

1）保温架必须要留透气带，保证新鲜空气的流入。

2）煤炉要注意检修，炉体穿孔的淘汰不能使用，煤炉盖密封要严，谨防煤气泄漏。

3）育雏期间，每小时最少观察鸡群 1 次，人员晚上不能在鸡舍内过夜。

4）没有天窗的彩钢瓦鸡舍要把煤炉烟管接出鸡舍外面，减少鸡群煤气中毒的风险。

3. 防台风、防寒、防雷雨、防水灾工作

1）南方地区夏季台风天气较多，冬季天气寒冷，养殖户要密切关注当地的气象信息，提前做好预防工作。防台风时各养殖户应注意检查自己鸡舍存在的安全隐患，做好鸡舍的加固工作，如用砖块或沙袋压屋顶，屋檐两边拉铁线等。防寒时养殖户应提前做好鸡舍密封工作，准备足量燃料。

2）做好鸡舍的防洪工作：养殖户应根据自己鸡舍的实际情况，疏通、加大、加宽鸡舍周围的排水沟，做好防山洪、山体滑坡等防护措施。

4. 防其他动物的侵害

在肉鸡饲养过程中，其他动物如犬、猫、老鼠等动物均对鸡群特别是雏鸡存在较大威胁。因此，养殖户饲养的犬、猫要圈绑好，平时要加强值班，同时做好灭鼠工作。犬、猫、老鼠等出没较多的鸡舍，运动场围网底部应用铁丝网围好。

十二、做好夏季防暑降温工作

夏季防暑降温措施对避免肉鸡中暑、确保生长速度、降低料肉比等起到关键性的作用。防暑降温措施主要有以下几项：

1. 做好鸡舍环境的绿化工作

运动场绿化是夏季防暑降温的第一要务，要求鸡舍运动场种树，提供鸡群乘凉场地：每卡鸡舍的运动场种 4~6 棵，种 2~3 行，并做好防护措施等各项管理工作，防鸡啄，保证成活率，树木离屋檐距离在 2 米以上，每年冬、夏季各修剪 1 次树木，冬、春季避免过荫，夏季避免影响鸡舍通风。

2. 做好鸡舍的通风和降温工作

1）安装风扇：要求养殖户安装大风扇（牛角扇），特别是运动场不足或鸡舍较矮的养殖户。风扇数量按每 3 卡鸡舍配置 1 台为标准。当舍内温度较高时，必须全部使用。

2）喷雾：在 10：00 之后，每小时喷雾 5~10 分钟，喷雾时必须配合风扇使用，才能达到降温效果。

3）出现高温天气（如 37℃ 以上），可以在鸡舍屋顶上喷雾以降低舍温。

4）鸡舍两面外农膜扎成一条线，山墙农膜也可打开增加通风面积。

3. 加强夏季肉鸡日常饲养管理工作

1）认真做好分栏分群工作。在饲养过程中应做到及时扩栏并做好固定分栏工作。

2）改变喂料方式：尽量选择在 5：00~7：00 和 17：00~19：00 气温较低的时间段多投料，采用少喂多餐的喂料方式，刺激鸡的食欲，增加鸡群的采食量，喂料时先喂运动场，白天保持运动场中的料桶一直有料。

3）提供充足的饮水：活动场有遮阴效果的养殖户，应在活动场放有饮水器和料桶等设备。舍外喂料按每 1000 只鸡 5 个料桶配置，舍外饮水按每 1000 只鸡至少 5 个饮水器配置，提供给鸡群的饮水应清洁、清凉、充足。应注意的是放在鸡舍外的储水桶应有防晒措施，避免在太阳暴晒下导致水温升高，要求中午高温时及时抽取清凉水供鸡饮用。

4）使用运动场饮水线的，放牧前清理 1 次水线，以后每 10 天清理 1 次水线。

5）适当投喂药：在气温较高或天气突变的时候，可适当投喂维生素 C 或小苏打等药物，以降低热应激。

6）加强垫料卫生管理：夏季应采用薄垫料法，垫料厚度以 0.5 厘米为宜。

7）注意饮水卫生，防止肠道疾病的发生：要求每天清洗饮水壶（尤其是水壶内侧），做好饮水系统的清洗消毒工作。

4. 做好肉鸡上市时的防暑降温工作

1）抓鸡时应注意人手要够，速度要快，但避免损伤鸡群。防止时间太久引起鸡中暑。

2）养殖户应严格按照客户制订的每笼装鸡数来装鸡，不得超量装鸡。

3）装鸡时，装好鸡的鸡笼叠放好后应用风扇降温，等全部鸡笼装好鸡后才上车，不能边抓边装车。

十三、做好梅雨季节防霉防潮工作

（1）**饲料管理** 饲料堆必须有 3 厘米厚的垫板，离墙 10 厘米，不得靠墙，养殖户储存料不得超过 10 天，料桶中饲料需要当天吃完，育雏舍高温高湿时需要每天喂 4~6 餐，料盘、料桶内壁发霉饲料及时清理，开食盘下面挤压的发霉饲料要及时清理掉，以避免被雏鸡啄食。

（2）**垫料管理** 垫料最好用谷壳，其次为刨花，最好不要用木屑和花生壳，无论何种垫料一定要求干爽、无霉变，垫料保持 3 厘米厚，结块发臭垫料随时更换（特别是水桶周边），清远麻鸡垫料更换日龄为10日龄（上层稻草下层谷壳的，可以把上层稻草清掉，保留下层干爽谷壳）、21日龄、60日龄、100日龄，每次铲除全部旧垫料后再铺新垫料，如果鸡舍地面太潮湿，可撒一层生石灰或炉灰后再铺新垫料；鸡群有球虫或曲霉菌病及时更换全部垫料。

（3）**运动场管理** 运动场以无水坑、不泥泞、有坡度、有树荫为标准，不符合的逐步改善，特别是运动场泥泞的可以考虑用鹅卵石不断硬化，并在运动场低洼地带开几条水泥硬化的排水沟，在南方地区，少数缺少树荫的养殖场在冬季把树种上。

（4）**排水沟管理** 检查鸡舍周围水沟是否完好，破损的、堵塞的及时修复疏通，特别是靠山边的养殖户，检查山体是否有滑坡的风险，以便提前处理，以前出现过山水流入的鸡舍的养殖户针对可能的原因采取预防措施，鸡舍水沟周边有塌陷滑坡的及时用水泥修复以防鸡舍倒塌。

（5）**鸡舍检修** 目前空栏的养殖户，必须在进雏前完成鸡舍顶棚、外农膜等检修工作，防止漏雨。

（6）**防啄羽管理** 梅雨季节湿度大、气温波动大、日照逐步加强，高温高湿天气，鸡群极易因天气因素、寄生虫滋生而发生啄羽，做好断喙、及时分群、关好公鸡、清理运动场，提供舒适舍内环境都可以减少啄羽发生。

（7）**防卡氏住白细胞原虫病管理** 及时清理运动场及周边的杂草，经常用灭虫菊酯或农药喷洒杂草堆，清除周边积水，舍内挂防蚊灯以减少蚊虫滋生，鸡舍周边竹子较密的需要砍去部分竹子，鸡群一旦发病需要及时投喂磺胺药、维生素K等。

（8）**防螨虫、鸡虱工作** 梅雨季节鸡群皮肤表面湿度较高，最适宜螨虫、鸡虱的生长繁殖，其诊治做到"早、快、严、小"，轻度治疗可用敌百虫（400克装，有效成分含量为90%）兑水3桶，约100千克水，垫料适当清理后的下午喷洒鸡舍约400米^2，保证喷洒后的垫料的有效湿度，连续喷洒2~4天，墙角阴暗潮湿处多喷洒，料桶、饮水壶上不要喷洒。严重感染的鸡可将其头部以下浸入药水中片刻，湿羽后提出。清远鸡95日龄，矮脚黄、土2 60日龄，卖鸡前10天做好上市前螨虫检查，发现后及时用药治疗。对上批发生过螨虫的场地，下批鸡60日龄后每10天检查1次螨虫，发现螨虫及时清理。

十四、做好秋、冬季防尘、防啄羽工作

广东地区秋、冬季昼夜温差大,降雨少,空气干燥,加上鸡群翻动垫料、运动场尘土,导致养鸡场到处是灰尘,极易诱发异物性呼吸道疾病和啄羽现象,这是秋、冬季啄羽导致次品率陡升、呼吸道疾病普发的重要原因,要改变这种现状必须做好如下工作:

1)做好鸡舍内喷雾、运动场喷雾,及时降尘,舍内喷雾至垫料潮湿为止,特别是晚上鸡群回鸡舍前的喷雾务必要达到垫料潮湿为止,运动场每天傍晚时分进行洒水,表层土壤流水为止。

2)每10天清扫1次网、天面农膜、外农膜上的灰尘。

3)运动场打坑的地方,及时用树枝、竹棍、砖块填堵。

4)按要求断喙,保证断喙的日龄、不漏断、上下喙切口平整、上喙略比下喙短。

5)养优质鸡的运动场面积是鸡舍面积的3倍,运动场必须植树,为鸡群提供遮阴、避光的场所,不达标的可投放中速品种。

6)做好挑公鸡工作,60日龄前必须挑出全部公鸡,公鸡围栏高度在1.8米以上,栏要牢固保证公鸡不跑出来,也可以给挑出的公鸡戴眼镜,公鸡栏有放牧场、栖架。

7)按照光照制度要求施予光照,特别要避免突然加光引起鸡群应激导致啄羽。

8)保证舍内通风良好,同时对运动场树荫太密的地方进行修剪,保障运动场通风和合理光照,除非在较强冷空气来临时,1.75米以上部分全天不封闭,中午前后天气较好时段,要尽量加大通风。

9)做好放牧工作,鸡群脱温后即可室外放牧,60日龄前,遇到雨天可以考虑把鸡关在舍内,60日龄后除非狂风暴雨,都要放牧。

10)搞好垫料卫生,特别是后期鸡群有抱窝现象时,垫料不卫生很容易引起鸡的皮肤病。

11)定期驱虫,按要求喂好6818A料和6838A料,发现寄生虫病时及时驱虫。

十五、做好冬、春季防寒保暖工作

1. 保温设施及要求

1)更换破损的外围农膜,新做鸡舍和更换的新农膜全部要分3截。

2）搭建全天面保温棚（纵向拉），材料最好用彩条布，有利于透气。

3）搭建3层的"屋中屋"，采用"烟道＋煤炉/油桶＋保温架"的保温方法；保温架的材料采用毛毯或麻袋，不宜使用农膜。

4）做好地窗的密封工作，材料可选用三合板或胶皮，不要使用饲料袋或农膜。

5）做好烟道、煤炉、油桶的维修工作，使用烟道、煤炉、油桶前要检查是否漏烟，防止发生煤气中毒。

6）烟道的第1卡和第2卡、煤炉、油桶的旁边和顶部要做好防火措施。

2. 物资储备要求

1）每5000只鸡要求储备垫料200包以上、稻草1000千克以上、木柴2500千克以上、煤1000千克以上。

2）垫料首选谷壳、刨花，少用木屑和花生壳，不能使用发霉的垫料，育雏用的稻草要砍短。

3. 消毒防疫要求

1）消毒池、洗手盘的消毒水每3天要更换1次。

2）每3天带鸡消毒1次，发病时每天消毒1~2次。

3）室温在10℃以下时不能带鸡消毒。

4）冬季选择在中午气温较高时带鸡消毒，同时需要喷洒运动场降尘。

5）针对舍内氨气浓度高的情况，使用过氧乙酸（惠福星/宝利洁）进行消毒可以中和氨气。

6）一般喷雾量按每立方米空间15毫升计算，干燥的天气可适当增加，但不应超过每立方米25毫升。

7）喷头高度最好距离鸡体70~80厘米高，喷头向上，雾滴自然下落在鸡体上。

8）每星期对环境消毒1次。

9）做好疫苗接种的监控工作，按时、按量接种；内勤发放疫苗时不允许养殖户少领疫苗。

10）接种疫苗的器具要用清水煮沸消毒30分钟，不能简单地用开水浸泡，不能接触消毒水；每接种1000只鸡换1次针头。

11）疫苗瓶的处理：要求养殖户将疫苗瓶用消毒水浸泡，并深埋或焚烧，不允许到处丢弃而污染环境。

12）杜绝家禽混养（上批残留鸡、鸭、鹅）。

13）各服务部要安装好消毒机，对所有运输车辆都要消毒。

4. 饲养管理要求

（1）育雏期的饲养管理（1~30 日龄）

① 做好进苗前的检查指导工作。

② 对运苗车辆要严格把关，防止发生运苗事故：要求用有篷布的车辆，鸡苗箱四周和顶部要盖毛毯。

③ 做好保温工作，前 10 天以保温为主，留波浪口通风，减少水珠。

④ 通风原则：从小到大，从内到外，先上后下，先南后北，防止"穿堂风"和"贼风"。

⑤ 垫料管理：垫料厚度在 3 厘米以上，防止潮湿结块。

⑥ 育雏期 20 天内的成活率要求达到 98% 以上。

（2）中大鸡的饲养管理（30 日龄至上市）

① 要求鸡舍有全方位外围农膜和天面保温棚。

② 垫料要求：2~3 厘米厚，无潮湿结块。

③ 鸡舍和运动场降灰尘措施：通风、喷水。

④ 分栏、分群饲养。

⑤ 突然降温时要烧火升温，且要保持温度均衡。

⑥ 减少意外死亡的发生。

十六、预防土鸡上市发生呼吸道疾病的措施

1）按照冬、春季饲养管理要求做好各项细化工作。

2）110 日龄时，技术员到鸡舍现场查看鸡群是否有咳嗽、呼噜声、流鼻液、肿眼等症状，如有症状必须用药治疗，根据检查结果填写"110 日龄鸡群质量调查表"。

3）商品肉鸡在上市 15 天前开始（如上市日龄为 124 日龄，则在 110~112 日龄使用）投喂药物，具体配伍和辅助用药见表 5-1 和表 5-2。

表 5-1　鸡群上市前预防呼吸道疾病的抗生素配伍

序号	药物名称（停药期）	药物名称（停药期）
1	氟苯尼考（5天）	菲严康（12天）
2	氟苯尼考（5天）	流感美杀星（8天）
3	流感美杀星（8天）	欣达林（5天）

注：以上3种药物配伍可根据情况进行选择，也可选择喘痢康（4天）、菲严康单独使用，疗程为3~5天。

表 5-2　辅助用药使用说明

序号	名称	作用机理和用途
1	清瘟大败毒	辛凉解表、清热解毒，用于感冒发热，主要用于病毒性呼吸道病症
2	静宁	麻杏石甘散，清热、宣肺、平喘，用于肺热咳嗽
3	解益舒	成分为卡巴匹林钙，用于感冒发热、解热镇痛
4	信必妥	转移因子口服液，为非特异性免疫增强剂，主要用于病毒性呼吸道病症

注：以上辅助治疗药物无停药期，可根据鸡群情况进行选择。

4）鸡群发生传染性鼻炎时，根据发病情况决定是否需要注射青链霉素，口服可用速服康配菲严康、喘痢康（4天停药期）或氟苯尼考，疗程为5~7天。

5）上市前用药严格执行停药期，同时当面向养殖户解释执行停药期的重要性。

6）肉鸡上市前1天投喂维生素C以缓解鸡群应激，上市前鸡舍垫料有结块、潮湿或过厚，必须及时清除垫料，不能心存侥幸。

7）各销售平台可建议客户在鸡群饮水中添加维生素C、多种维生素等以降低鸡群的周转应激，同时做好冬、春季节早晚的保温和清除鸡粪工作。

十七、预防上市土鸡黑胸、花皮问题的措施

上市土鸡黑胸主要由于上市操作粗暴引起的，而花皮主要由于临近

上市前一段时间，鸡群发生啄癖、抱窝鸡太多或空料桶时间长鸡群喂料争抢导致的，花皮和黑胸可引起严重的客户投诉，为了改善这种情况，可从以下几方面采取措施：

1）养殖户在装好鸡后，搬运鸡笼时避免过于粗暴，特别是防止发生鸡笼从高空跌落的情况。

2）销售过程中，避免把鸡笼从高空直接摔到地面上，杜绝粗暴装卸车。

3）上市前鸡群发生啄癖时，110日龄前的立刻修喙，110日龄以后的采取给予青饲料、改善鸡舍环境、防止打坑、降低光照强度、扩大运动场、添加多维矿物质等措施缓解鸡群应激。

4）牢固建好公鸡围栏，防止公鸡后期骚扰母鸡。

5）后期空料桶时间不超过1小时，防止鸡群因饥饿争抢踩踏引起花皮。

6）后期根据鸡群冠头、产蛋情况、体重调整灯光和拌饲料，避免出现大量抱窝鸡。

十八、做好土鸡光照管理

优质的长日龄土鸡其饲养期超过4个月，消费者对其冠高、羽毛光亮要求严格，因此在长日龄土鸡饲养过程中提供合理的光照程序是必要的，根据长日龄土鸡的养殖特点和光照原理，现制定其光照程序如下：

1. 灯具选择

主要有白炽灯、节能灯两种，白炽灯是一种价廉、方便的光源，但发光效率低、寿命短，而节能灯可节省75%的电费，寿命较长，一般国产节能灯的寿命在4000小时左右，很适合养殖场使用。

2. 灯距、离地高度

商品肉鸡舍内灯泡高度在1.7米左右（在天面农膜下方），灯距在3米左右最好，根据公司肉鸡舍的建筑标准，鸡舍1卡（面积=4米×8米=32米^2，如面积变化要根据面积大小做调整）安装2个灯头，则照度比较均匀，鸡舍宽12米的，则需装3排灯头。

3. 光照强度和时间（表 5-3）

表 5-3 优质肉鸡光照强度和时间

	日龄	光照时间	光照强度
育雏期	0~7	24 小时	每卡 2 盏 60 瓦白炽灯或 15 瓦节能灯
	8~21	22 小时	每卡 2 盏 60 瓦白炽灯或 15 瓦节能灯
	22~42	21 小时	每间 1 盏 20 瓦白炽灯或 8 瓦节能灯
中大鸡阶段	43~100 日龄，晚上不开灯，自然光照 101 至上市，晚上加光 4 小时，每卡 2 盏 25~40 瓦白炽灯或两盏 8~11 瓦节能灯		
备注	43~100 日龄，炎热天气可以在夜间开灯 1 小时用于鸡群饮水 上市前加光日龄根据季节、鸡群状况、上市日龄进行适当调节		

4. 卫生要求

1）应满足肉鸡的最低光照要求，地面照度以 10 勒为宜。

2）保持灯泡清洁，要求在补光期间每周擦拭 1 次灯泡，脏灯泡发出光比干净灯泡少 1/3，如果设置灯罩则提高光照强度 50%。

3）照度要均匀，舍内灯泡功率不可过大，应以 25~40 瓦的白炽灯或 8~18 瓦的节能灯为宜，灯具的离地高度和距离要合理。

4）灯具不可使用软线悬吊，以防被风吹动，使鸡受到惊吓。

5）更换灯泡要循序渐进，有一个过渡期，逐步更换，不能一下子从弱光全部更换成强光，否则容易引起鸡群啄羽。

第六章
搞好种鸡育雏饲养,向成活要效益

第一节　雏鸡饲养管理中的误区

育雏是每个养鸡户都要经历的,雏鸡的饲养是非常重要的,不管是饲喂还是管理都要求养殖户要很细心,管理中有任何失误都可能影响雏鸡成年以后的生长发育及生产。在实际的养殖过程中,雏鸡养殖中存在很多误区,现就总结的几个误区进行分享,希望养殖户能够多加注意。

一、对雏鸡质量认识不足

养殖户在进雏时,由于经验缺乏,对购买的雏鸡质量无法做出正确的判断,这将对后期的饲养成绩和经济效益造成损失。1日龄雏鸡质量评价内容见表6-1。

表6-1　1日龄雏鸡质量评价内容

评价内容	强雏	弱雏
反射能力	把雏鸡放倒,它可以在3秒内站起来	雏鸡疲惫,3秒之后才可以站起来
眼睛	清澈,睁着眼,有光泽	眼睛紧闭,迟钝
肚脐	脐部闭合,干净	脐部不平整,有卵黄残留物,脐部闭合不良,羽毛上沾有蛋清
脚	颜色正常,不肿胀	跗关节发红、肿胀,跗关节和脚趾变形
喙	喙部干净,鼻孔闭合	喙部发红,鼻孔较脏、变形
卵黄囊	胃柔软,有伸展性	胃部坚硬,皮肤紧绷
绒毛	绒毛干燥、有光泽	绒毛湿润且发黏
整齐度	全部雏鸡大小一致	超过20%的雏鸡体重高于或低于平均值

羽毛偏黄的雏鸡一般比偏白的更加富有活力（图6-1）。不过绒毛变黄是由于在出雏器中的甲醛熏蒸。羽毛的颜色深并不会使鸡更加有活力。不过还是有间接的联系：强壮些的雏鸡出壳早，接触甲醛的时间也更长，因此绒毛的颜色更黄。

脚趾畸形规律性发生者（图6-2），可能是由于遗传，但更可能是由于B族维生素缺乏，或是出雏器温度过高造成。

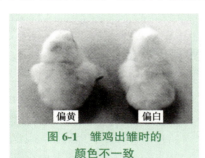

图6-1 雏鸡出雏时的颜色不一致

图6-2 雏鸡脚趾畸形

检查是否有雏鸡脐部闭合不良，如果卵黄囊未完全吸收，会造成脐部无法完全闭合。这些脐部闭合不良的雏鸡发生感染的风险较高，死亡率也较高。所以我们不希望雏鸡的脐部闭合不良。必须留意接到的雏鸡中脐部闭合不良的比例有多高，及时与孵化场进行沟通。若无堵塞物，脐部随后会闭合。图6-3①的脐部愈合不理想，但可以接受，脐部之后会闭合。图6-3②的脐部愈合情况不可接受，这是由于有残留卵黄的堵塞，脐部将不能闭合。

图6-3 脐部愈合情况

出雏器温度过高，会导致雏鸡的胫部、喙部变红（图6-4）。红色喙是由于雏鸡希望早些脱离高温环境并且试图将头伸出塑料出雏筐的缝隙造成的。

图 6-4　胫部、喙部变红

二、对弱雏的护理不足

对于育雏期的雏鸡死淘问题，部分养殖户不从自身的饲养管理水平进行分析，而直接推到育种公司或饲料生产厂家身上，以期获得赔偿。这样会使饲养管理技术无法提升，从而影响后期多批次的饲养成绩和效益。

1. 死淘率高的原因

育雏期死淘率增加造成的鸡群损失往往发生在前 7 天。发生的原因有父母代种鸡或孵化环节有问题，还有饲养管理不善等，这些都会导致雏鸡的死淘率上升。

开始几周的死淘率特征可以清晰地反映出饲养管理质量。从图 6-5 可以看出，前 3 天的死淘率与 1 日龄雏鸡的质量高度相关，3 天以后的死淘率就取决于饲养管理水平。雏鸡质量问题在本饲养周期无法补救。

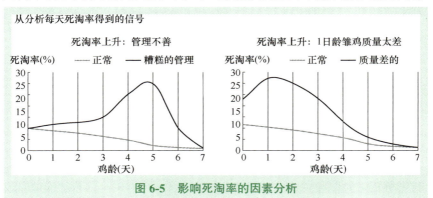

图 6-5　影响死淘率的因素分析

对这批鸡，应尽量减少应激造成的损失，并争取在下一批鸡的饲养过程中进行有针对性的改进。

如果有雏鸡死亡，首先要确定死亡数量。同时，也需要检查一下死亡雏鸡是否来自鸡舍内某个区域，以及死亡的主要是公鸡还是母鸡、是否可以描述为猝死，还应该观察一下雏鸡死亡时的姿势，这也是找出死因的一个线索（表 6-2）。

表 6-2 雏鸡死亡可能的原因分析

死亡雏鸡的特点	可能的原因
仰卧或俯卧死亡	代谢紊乱，主要发生于 2~5 周龄，通过饲料的管理来解决
仰面朝天，翅膀展开，一腿朝天	猝死综合征（仰翻）。雏鸡心跳停止，跳到半空后仰卧而死，有时也会俯卧而死。应该降低光照强度，从而减缓生长速度，直到日死亡率不超过 0.05% 为止
发育良好，嗉囊充盈	大日龄突然死亡的雏鸡，说明它们的心脏负担过重，血液循环差，氧气供应不足。另外一个原因是心室或瓣膜感染（心内膜炎）
体况发育中等偏下，胃部积液	腹水，3 周龄鸡多发。此时鸡易受热应激影响，检查舍内二氧化碳浓度。为避免下批鸡发生同样的问题，应该限制其过快生长，保证舍内空气流通良好，昼夜温差控制到最小
俯卧，伸脖，脚外翻	呼吸道堵塞。雏鸡因为病毒感染或严重的免疫反应，导致上呼吸道被炎性物质堵塞引起窒息。还有一个可能的原因是真菌感染：雏鸡表现为张嘴喘气，无啰音
呈"海豹"姿势：俯卧，脚外翻，颈伸直，喙微张，通常喙部粘有垫料	肉毒梭菌中毒，较少见，2 周龄雏鸡易得。离子载体类抗球虫药中毒或是坏死性肠炎（梭菌属）也会造成鸡这种姿势

2. 弱雏的信号分析

对于弱雏，更加细致的管理无疑非常重要，足够的饲料和饮水可以帮助弱雏渡过难关。雏鸡入舍前必须把鸡舍温度升高到合适的水平，并使用育雏垫纸或薄垫料隔离雏鸡与地板，防止雏鸡直接接触地板而造成体温下降。1 日龄雏鸡没有自身调节体温的能力，如果不能采食足够的饲料，会造成体温下降，甚至死亡。表 6-3 对育雏期出现的鸡群信号进行了分析。对髓膜炎造成的歪脖和仰头现象（图 6-6），饲养过程中应该及时淘汰病雏鸡。

表 6-3　育雏期出现的鸡群信号分析

信号	成因
发育不良	觅食和觅水能力差，不易找到饲料，或是放在育雏垫纸上的饲料消耗太快而没有及时补充。这在饲养周期内无法补救
歪脖和仰头	脑部炎症，可能是由于沙门菌感染，或是感染了链球菌、肠球菌、霉菌。这常常是在孵化场发生的感染
瘸腿	细菌性感染，如感染沙门菌、链球菌、肠球菌或大肠杆菌。这个阶段的细菌感染往往是与种蛋质量和孵化场的条件有关。之后要根据瘸腿问题的严重性来决定养护的质量
扎堆、羽毛凌乱	鸡感觉太冷，可能是细菌感染引起的
"直升机式"羽毛	吸收不良综合征。由早期小肠功能紊乱导致饲料中营养物质吸收比例不恰当引起。需要给雏鸡额外补充维生素和矿物质。在下一个生产周期开始前，要彻底消毒鸡舍

图 6-6　髓膜炎造成的歪脖和仰头现象

3. 糊肛的原因

在养鸡的过程中，不少养殖户都会提起雏鸡糊肛的问题。导致雏鸡糊肛的原因有许多，并不单纯是沙门菌。糊肛是雏鸡排泄物黏稠，不能正常掉落，粘在鸡的泄殖腔邻近的绒毛上，时间长了会干结，雏鸡常常因为排便困难发出尖叫。如果糊肛不能被及时清理掉，可能导致鸡死亡。

发生糊肛的原因主要是开食、饮水不及时，饲料中蛋白质含量过高，饲养环境温度偏低等，某些疾病因素诸如白痢、大肠杆菌等也会导致其发生，如果不及时采取措施，会导致雏鸡消化不良，增重缓慢，死亡率高。

图 6-7 ①中的糊肛呈现浅灰色水泥样凝块，通常是由于严重的细菌（如沙门菌）感染或是肾脏机能失调造成的。应该立即淘汰这些鸡。腹膜炎症会影响肠道蠕动，造成尿失禁。一旦干燥，会形成水泥样包裹，通常在应激时发生。图 6-7 ②呈现深灰色铅笔样形状，没有太坏的影响。

图 6-7　雏鸡糊肛

三、饲养密度不合理

1. 合适的饲养密度

雏鸡的饲养密度是由鸡的品种、饲养设备及环境条件决定，而不是简单地照搬每平方米饲养多少只鸡的问题，如快大鸡和优质鸡的饲养密度是完全不一样的，特别是一些地方品种的优质鸡，在舍内饲养到一定日龄时需要运动场放养或相对较大的饲养面积才能确保饲养成绩；相同品种在不同饲养环境条件下，其饲养密度也相差很大，如果是在通风、温度、湿度可控的环境下，其饲养密度可以大幅度提高。

饲养方式必须符合品种要求，特别是新手养殖户不要轻易更改饲养方式，每个品种的饲养方式都是经过多年饲养经验总结出来的，如果需要更改，就必须先进行试验，成功后再推广。此外，粗放的饲养条件下，饲养密度还要根据季节的不同进行调整，冬季为了防寒保暖可以适当增加饲养密度，而夏季为了防暑降温可以适当降低。

饲养密度是否恰当，与雏鸡发育和充分利用鸡舍有很大关系。密度过大时，室内空气不好，影响雏鸡发育，雏鸡互相挤压在一起抢食，体重发育不均，影响鸡群的健康，易发生啄癖；密度过小时，鸡舍利用率低，成本高。密度的大小应根据雏鸡日龄大小、品种、饲养方式、季节和通风条件等进行调整。推荐饲养密度为：1~2 周龄，笼养 50~60 只/米^2，平养 40 只/米^2；3~4 周龄，笼养 35~45 只/米^2，平养 30 只/米^2；5~6 周龄，笼养 25~30 只/米^2，平养 25 只/米^2。

与饲养密度相关的还有群体数量。平养条件下，300~400 只为一群，最多不超过 500 只一群。实行强弱分开，公母分群饲养，方便管理，还能提高经济效益。

2. 调整饲养密度的方法

1）按照不同周龄雏鸡调整：根据雏鸡不同周龄和适宜饲养密度，进行计算并调整安置雏鸡。

2）根据整齐度情况调整：每周对鸡群进行称重，每次可按群体大小选择称量 5% 左右的个体。鸡群整齐度用达到平均体重 ±10% 范围内的鸡的数量占称量总只数的百分比来表示。当群体整齐度低于标准时，应按体重大小进行分群饲养。首先对鸡群进行个别调整，挑出体质较弱的鸡集中饲养，推迟换料时间，使其尽快达到标准体重。把体重相近的鸡放在同一笼格内，每层笼内鸡的数量一致，避免出现强弱差别，保证雏鸡正常发育。

3. 扩群方法

首先按雏鸡体质的强弱分群，遵循先上后下、分大留小的原则进行扩群。

四、疾病预防不到位

养殖户进雏前，鸡舍清扫不彻底，不熏蒸消毒，只用消毒液喷一两次，使得微生物长期存在，雏鸡易感染大肠杆菌、葡萄球菌等而导致死亡。

另外，没注意育雏的保温设备、料槽、饮水器等日常用具的消毒，不能及时对雏鸡进行鸡新城疫的基础免疫和加强免疫，传染性法氏囊病疫苗、鸡痘疫苗等接种也不及时。雏鸡白痢和球虫病是育雏阶段两大疾病，养殖户往往不能很好地把握防治时间和方法，等到病鸡出现症状后才采取措施，为时已晚。

进雏后，不是选用雏鸡专用药预防白痢，而是偏听偏信兽药店的话，大量使用抗生素，加重了肝脏、肾脏负担，造成雏鸡大批死亡。

第二节 掌握雏鸡的生理特点

一、生长发育速度快

雏鸡代谢旺盛,生长发育迅速,耗氧量大。因此,育雏期的日粮中营养物质的需要量必须严格按照营养标准予以满足,且要注意供给新鲜空气。肉用雏鸡生长迅速,正常条件下 4 周龄和 6 周龄体重为初生重的 8.3 倍和 15 倍,蛋鸡商品雏鸡的 6 周龄体重约为初生重的 10 倍。

二、体温调节机能弱

初生的雏鸡体小,自身产热少,体温调节机能还没有发育完善。雏鸡绒毛稀而短,机体保温能力差,雏鸡体温比成年鸡低 1~3℃。3 周龄左右体温调节中枢的机能逐步完善,7~8 周龄后体温才接近成年鸡。在此之前如果育雏舍温度不适宜就会造成雏鸡的健康和生长发育受影响。雏鸡体温会随环境温度的变化而发生相应的变化,而体温偏高或偏低对于雏鸡来说都是严重的应激。因此,必须给 0~6 周龄的雏鸡提供适宜的环境温度。

三、消化机能还不健全

雏鸡消化道短、容积小,每次的采食量少,食物通过消化道快;肌胃的研磨能力差;消化腺发育不完善,消化酶的分泌量少、活性低,这些因素会造成雏鸡对饲料的消化率偏低。雏鸡的消化道短,使得饲料在消化道中停留的时间短,这就会导致其对饲料中的营养吸收不充分。因此,在饲喂上要求给予含粗纤维低、易消化、营养全面而平衡的日粮。

四、敏感、抗病能力差

雏鸡比较敏感,胆小怕惊吓,异常的响动、陌生人进入鸡舍、光线的突然改变都会造成惊群,出现应激反应,因此,雏鸡生活环境一定要保持安静,避免有噪声或突然惊吓。在雏鸡舍和运动场上应增加防护设备,以防鼠、蛇、猫、犬、老鹰等的袭击和侵害。育雏期间如果忽视夜间的巡视则经常会遇到老鼠伤害雏鸡的现象。雏鸡的躲避意识差,饲养管理过程中会出现踩死踩伤、压死砸伤、夹挂等意外的伤亡情况。雏鸡喜欢群居生活，会一起进行采食、饮水、活动和休息，因此适合大群饲养管理，有利于保温，节省人力、物力和设备。雏鸡免疫系统机能低下，对各种传染病的易感性较强，生产中要严格执行免疫接种程序和预防性投药，增强雏鸡的抗病力，防患于未然。

五、羽毛生长速度快

雏鸡3周龄时羽毛重量为体重的4%，4周龄时为7%，以后大致保持不变。后备鸡羽毛生长极为迅速，脱换4次羽毛，分别在4~5周龄、7~8周龄、12~13周龄、18~20周龄。羽毛中蛋白质含量为80%~82%，为肌肉中蛋白质含量的4~5倍，羽毛的脱换需要消耗较多的蛋白质。因此，雏鸡对日粮中蛋白质（尤其是含硫氨基酸）水平要求较高。

六、具有印记行为和模仿性

雏鸡对初次接触的环境和人具有良好的印记，能够在较短的时间内熟悉所处环境、周围个体和接触到的饲养人员。如果更换饲养环境或饲养人员，则会造成雏鸡经历重新适应的过程，而这个过程会对雏鸡的生长和健康产生不利影响。雏鸡还具有良好的模仿性，如刚接入育雏舍的雏鸡，只要有个别的个体会饮水或采食，在较短的时间内就会有绝大多数的个体模仿，不需要逐只训练。但是雏鸡对啄斗也具有模仿性，因此饲养密度不能太大，防止啄癖的发生。

第三节　提高雏鸡成活率的主要途径

育雏期是土鸡生长发育的起始和基础，良好的饲养管理是土鸡健康生长发育的必要前提；周密完善的生物安全措施是鸡群饲养期间的安全保障和生命线。

一、明确育雏期的培育目标

育雏期的主要培育目标是确保饲料摄入量正常、健康状况良好，使雏鸡达到生长发育与体重标准，并认真执行断喙和免疫计划，做好环境卫生和防疫工作。雏鸡阶段的饲养管理目标很多，其中有些是关键性目标，可以作为评价育雏效果的主要依据。

(1) 健康　雏鸡未发生传染病，特别是烈性传染病，食欲正常，精神活泼，反应灵敏，羽毛紧凑而富有光泽。

（2）成活率高　先进的水平是指育雏的第1周死亡率不超过0.5%，前3周不超过1%。高的水平是0~6周龄死亡率不超过2%。

（3）生长发育正常　国内外大量的生产实践证明，雏鸡5周龄体重对以后的生产性能有很大的影响；与体重偏低的群体相比，5周龄体重较大的群体以后的成活率、高峰期产蛋率、平均蛋重、饲料转化率都表现得更好。因此，在生产中5周龄末雏鸡体重可以比标准体重高出5%~10%。发育正常的雏鸡，体重符合标准，骨骼发育良好，胸骨平直而结实，跖骨的发育良好，8周龄跖骨长度（跖长）达76~80毫米；羽毛丰满，肌肉发育良好，并且不带有多余的脂肪，生长速度能达到标准，而且全群具有良好的均匀度。

（4）良好的免疫接种效果　雏鸡阶段接种疫苗的次数多、类型多，疫苗接种的效果对鸡的整个生产周期的健康都有不可忽视的作用。因此需要保证每次疫苗的接种质量。

二、做好育雏前的准备工作

育雏前的准备工作包括育雏舍的准备、育雏人员的安排、用电线路维修，以及保温用具、开食盘、料桶、饮水器、料槽和一切饲养过程的用具等的准备。

1）育雏舍要求有15~20天的空舍间隔时间。

2）鸡群转群后及时（7天内）清理鸡舍内的杂物、鸡粪等。

3）饮水器、料桶、料槽及挡粪板等养鸡用具要搬出舍外，在水池内先用消毒药浸泡后才冲洗。挡粪板要单独用3%氢氧化钠溶液浸泡；饮水器、料桶、料槽可用消毒药浸泡，使用药量按说明书用量加倍。

4）在冲洗鸡舍前，舍内的用电开关、风扇头、电机等要用防水胶纸密封严密，用高压清洗机冲洗鸡舍，要按照从上而下、从里到外的原则，冲洗时先瓦面，后笼具，然后是地面，最后是外面环境（墙体、水沟等）。

5）贮水桶、水箱、自动饮水管要用自来水进行冲洗，冲洗完毕后用消毒药浸泡一天，用量按使用说明加倍。

6）要进行2次喷雾消毒和1次熏蒸消毒，冲洗完毕后喷雾消毒1次，在进苗前7天再喷雾消毒1次，每次喷雾消毒使用不同性质的消毒药。

然后安装好一切保温及育雏设施，并进行 1 次熏蒸消毒（40% 甲醛 + 高锰酸钾），熏蒸 1 天后才开排气扇（窗）排气。

7）鸡舍外环境用氢氧化钠消毒 2 次，分别为鸡舍清洗完毕消毒 1 次，进雏前 1 天消毒 1 次，氢氧化钠浓度为 2%~5%。

8）进雏前 2 天要准备好育雏用药物、疫苗和饲料。

9）育雏人员所用的生活用品也要准备好，进雏前 3 天不得外出，直至育雏后 1 个月；育雏人员育雏期间应住在育雏区宿舍。

三、做好接雏前后的工作

1. 接雏前的准备工作

1）雏鸡到达前，鸡舍内的各种设备、用具和垫料要经过彻底的消毒，并应将甲醛排放干净。甲醛残留不仅会影响雏鸡的采食饮水、生长发育和均匀度，还会影响雏鸡的健康。因此甲醛消毒后的鸡舍要有足够的温度和湿度，并经常对垫料进行适当的翻松，以利于甲醛挥发和排放。对于雏鸡入舍前仍有甲醛残留的鸡舍，可通过提高鸡舍温度（37℃以上）和湿度（75% 左右）的方法加快其挥发，在没有足够排风时间的情况下，也可以采取在鸡舍内喷洒氨水或放置碳酸氢铵粉末的应急方法。

2）根据不同的地域、季节、鸡舍条件和气候条件情况，在进雏前的 24~48 小时，要对鸡舍进行预加温，以保证雏鸡入舍后的垫料温度不低于 32℃的饲养要求。同时，对鸡舍内相关设备试运行，尤其是供暖和通风设备，以保证设备的正常运行。

3）垫料厚度要保持在 10~15 厘米，以确保垫料的保温性能，同时要保持垫料平整，以确保垫料表面温度均衡。凹凸不平的垫料会造成其表面温度不均衡，使雏鸡容易拥挤在凹陷的地方，这样不利于它们找到水和饲料，而早期的水和饲料对雏鸡的生长发育是至关重要的。

4）进鸡前，需要确认鸡舍的进风和排风设置是否满足最小通风量的要求，不要为了满足加温效果而忽略或牺牲新鲜空气（氧气）的补充。一般情况下，雏鸡入舍后在确保温度的前提下进行适量的通风，不仅能降低舍内菌群（或病毒）和粉尘的含量，还有利于雏鸡的生长发育，但一定要注意不能让冷空气直接吹到雏鸡身上，同时还要保持整栋鸡舍的温度均衡。

5)雏鸡到达前 12 小时,使用保温伞育雏的鸡舍应将鸡舍温度提升至 8~30℃,围栏内垫料温度达到 32℃;对于整舍升温的鸡舍,鸡背高度的室温应该达到 32℃。这一点对雏鸡的卵黄吸收和生长发育有很重要的作用。同时,将干净的饮水放置在鸡舍内预温至 26~30℃,或者前 3 天烧开水放凉,以保证雏鸡入舍后能及时喝到适宜温度的饮水,减少应激和腹泻。

6)对于用围栏挡板和保温伞育雏的方式而言,围栏大小应与鸡的数量相匹配(图 6-8、图 6-9),每个围栏内以 500~800 只为宜,围栏挡板高度不应超过 46 厘米,过高则会影响围栏内的空气流动效果,要保证雏鸡在围栏内有足够的活动区域和合适的温度区域,注意应考虑保温伞工作时其下部高温无鸡区域的大小。

图 6-8　空间加热分栏育雏方式

图 6-9　局部加热的育雏小栏

7)要注意鸡舍门口脚踏消毒盆的容量和位置。消毒盆容量小了,消毒液很容易变脏而失去效果;要放在进出鸡舍且便于踩踏的地方。要及时更换消毒盆中的消毒液以保证其消毒效果。必须保证人员踩踏时双脚均能踏进消毒盆内,消毒液液面要能没过鞋面。

2. 做好雏鸡到场的工作

1)雏鸡到场后,首先要有专人核对运输单据,和运输司机一起核对鸡盒数量(分公母),如果雏鸡盒数有差异,必须由双方当事人签字确认。

2)对于不同来源的雏鸡,尽可能将相同来源的雏鸡安排在同一栋(或同一围栏)饲养,并依据雏鸡的生长发育情况适时调整饲养方案,这样有助于提高育成期的均匀度。

3）有条理地安排人员进行雏鸡盒的搬运入舍工作。因鸡舍内温度较高，雏鸡盒在舍内堆放的高度不要超过 2 盒，且需留有一定的空间便于散热和空气交换，并在最短时间内放入围栏；雏鸡盒均应水平放置，避免因雏鸡盒倾斜造成雏鸡在盒内的局部拥挤而导致死亡。

4）在有育种公司相关人员在场的情况下，入舍后可在操作间或鸡舍内共同抽检部分雏鸡盒（或者与司机在车厢内共同抽检），并对抽检结果予以确认。对有数量差异的雏鸡盒，记录下其侧面的装箱号并反馈给育种公司的相关人员进行处理。其他的雏鸡盒则不需逐盒清点数量直接入栏，以加快雏鸡的入栏速度，使雏鸡尽早饮水和开食。

5）对雏鸡进行入舍体重的抽样称重，并以此作为 7 日龄体重达标与否的参考数据。

6）要确保雏鸡入栏时的垫料温度达到 32℃以上，饮水器中水已经预热。为避免早期感染，可在饮水中添加适量浓度的抗生素。对于长途运输（运输时间超过 24 小时）的雏鸡，可在第二次饮水时添加多种维生素以使雏鸡尽快恢复体力。

四、做好育雏期的饲养管理

1. 雏鸡入舍后管理

进雏后要密切观察鸡群的活动表现和分布情况，观察其饮水和采食的情况，对部分雏鸡可以引导饮水和采食。在雏鸡的第二次饮水和采食结束后，可以逐栏逐只检查雏鸡的嗉囊，将未能有效饮水和采食的雏鸡挑出，并集中给予特殊照顾，逐只教鸡喝水并引导采食，这样有助于提高鸡群整体的均匀度和成活率。

围栏内的垫料要保持平整，料盘和饮水器要放置均匀且水平，以便于雏鸡的采食和饮水。料盘不水平放置时，饲料容易向低处集中，这样既减少了有效采食面积，也容易造成饲料的浪费。围栏内不要留死角（料盘和料盘之间、料盘和围栏板之间、围栏板和围栏板之间等），以免因雏鸡拥挤而造成死伤。

对饲料和饮水的添加应遵循"少量多次"的原则。因鸡群活动区域内的温度较高，很容易造成饲料和饮水中的营养成分丧失，一般 4 个小时左右就应更换一次饮水和饲料，因此，饲料和饮水添加要适量。但切记不要发生断料，务必做到光照时间内有饲料和水。

对 1 周龄以下的雏鸡，要注意控制好栏内的密度，依据雏鸡的生长和栏内的温度情况，结合环境的要求，适时扩栏。

2. 饮水管理

1）雏鸡入舍后，前 3 天的饮水最好都能提前预温，且饮水中添加适量抗生素，以减少雏鸡的腹泻现象，避免和减少早期感染。

2）为保持真空饮水器水平放置，一般在饮水器下面垫一块砖。随着雏鸡的生长，及时提高砖块的高度，以保证饮水卫生。

3）尽早使用水线饮水，建议雏鸡到场即使用水线。育雏期的工作量比较大，早用水线既可以降低工人的劳动强度，还能保证饮水卫生。

4）根据雏鸡的生长日龄和生长状况，及时调整好水线的高度，以鸡只自然站立能伸颈饮水为宜（图 6-10）。

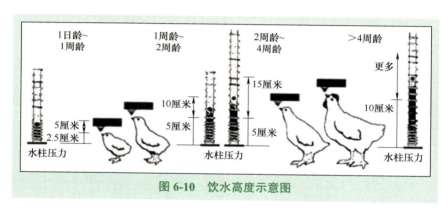

图 6-10　饮水高度示意图

5）要保持水线的水平状态，水线乳头应竖直向下。一般情况下，育雏第一周水压管中的水柱高 5 厘米较好，以后随着日龄的增长，可逐渐上调至 10~15 厘米，但必须经常检查水线乳头的压力大小和供水情况，避免水压过高、过低、堵塞和无水的情况出现。

6）定期冲洗并消毒水线，尤其是在水线中添加药物以后。冲洗时，要保持一定的水流压力和水流速度以保证冲洗效果。

3. 断喙操作技术要求

断喙可以防止啄斗。在大的鸡笼和高密度鸡群中发生啄斗的可能性更高。断喙可预防啄斗，是一种重要的对鸡的人为干预。1 日龄雏鸡断喙的应激最小，特别是如果使用红外线设备。如果断喙不当，在最初几天的死亡率有增加的风险。断喙就是去掉部分喙，立即用高温刀片对伤口进行烧烙止血。雏鸡早期断喙引起的疼痛较轻，只要去除不多于 1/3 的喙，雏鸡患慢性疼痛的风险较小。断喙经常在雏鸡 7~10 日龄时进行。

断喙的优点是降低鸡啄羽的可能性，减少由啄羽导致的损伤。断喙的缺点是疼痛的应激，一些鸡会留下慢性疼痛的后遗症。如果处理不当，会引起永久性损害。

（1）断喙前的预防措施　①断喙前后 3 天在饲料中添加多种维生素，特别加大维生素 K、维生素 C，在饮水中添加抗呼吸道疾病的抗生素，预防呼吸道病。②如果鸡群的健康状况不佳，或者有疫苗反应，不要给鸡断喙。③如果断喙时鸡日龄较大，要在一天中最凉快的时间进行，禁止在炎热天气断喙。④确保等待断喙的鸡处于饥饿状态，断喙后立即喂食，以便于鸡直接寻找食物，与食物的接触可以限制出血。

（2）断喙时的预防措施　①检查设备，确保断喙刀片的温度正好可以烧烙止血，但是温度不要太高（喙部有起疱的危险）。②确保操作者坐姿舒服，以使每只鸡的喙以相同的方式被修剪。③温柔对待雏鸡，保证鸡舌不被烧伤。④断喙时不要着急，过快的速度可能导致出错的概率升高和整齐度降低。⑤断喙 5000 只雏鸡后用砂纸清理刀片，断喙 20000~30000 只雏鸡后更换刀片。

（3）断喙后的护理　①提高水槽中的水位或降低乳头饮水器的水压，使雏鸡更容易饮水。②在断喙后数天内，确保饲料在料槽中堆积较高，方便鸡的采食。

（4）断喙方法　常规断喙方法是采用断喙器加热高温切断（图 6-11）。断喙时上喙断 1/2、下喙断 1/3；左手掌握住雏鸡身体进行保定，右手掌握住雏鸡的头部，右手大拇指紧握雏鸡头部，食指顶着雏鸡的下颌，使雏鸡头部保持平直，保证上喙要短于下喙，切成的斜面为正三角形。

除了常规的断喙方法（加热），红外线断喙技术越来越被广泛使用（图 6-12）。红外线断喙技术会导致急性疼痛，但没有开放性创口，因此，出血和感染的概率较小，采食和饮水时的疼痛在断喙 2 天后减轻。1 日龄雏鸡在孵化场经过一系列处理的同时使用红外线技术断喙，非常节省劳动力。断喙效果对比情况见图 6-13。

图 6-11 常规断喙

图 6-12 红外线断喙

良好

喙偏向一侧

断喙温度太高和断喙过多

断喙温度太高

喙偏向一侧和断喙温度太高

断喙过少

图 6-13 断喙效果对比情况

4. 育雏期体重及其均匀度的控制

育雏阶段是影响土鸡生长发育的关键时期,育雏期的体重及其均匀度是影响土鸡整齐度的重要因素。

(1)良好的饲养管理 尽可能早地训练鸡群饮水、采食,适时的开饮、开食有利于鸡群心血管系统、消化系统、免疫系统等的发育。随时观察鸡群的采食情况,保证有足够的采食时间和采食量,随着鸡群采食速度加快,逐渐减少每天喂料次数,以便降低鸡群在采食过程中的个体差异。提供充足的料位和水位,保证每只鸡都能吃到料、喝到水。在确保适宜而稳定的舍温情况下,尽可能快地扩大围栏面积,使雏鸡群不致于过度拥挤,避免产生应激。提高断喙质量,消除断喙对鸡群造成的影响。雏鸡群分群要早,不同来源的鸡群要分开饲养。

(2)相对稳定的环境控制 保证舍内温度均衡一致,保持鸡舍两端及围栏周边的温度适宜。通风换气时要坚持较低且稳定的风速,保证空气质量。损坏的灯泡要及时更换,减少鸡舍内的黑暗角落。

(3)严格的卫生防疫 坚持封场制度,保证雏鸡群的健康。规范免疫操作,确保免疫剂量准确,减少免疫应激,保证免疫效果。及时淘汰不健康的鸡。定期投喂多种维生素,减少因管理不当给鸡群生产带来应激。加强鸡群及设备的维护管理。及时进行药物预防,尽可能减少疾病的发生。

五、做好育雏期的环境控制

1. 温度控制

育雏期最重要的温度管理原则是"看鸡施温",即通过观察雏鸡的行为表现来判断温度是否合适。鸡舍内的温度要依据不同的季节、鸡舍构造、供暖方式、育雏方式等合理调节,以保证雏鸡生活在合适的温度区间。

必须保证雏鸡入舍后的垫料温度达到32℃以上,这有利于雏鸡的卵黄吸收和生长发育。可以用红外线测温仪测量垫料温度,也可以测量地板的温度。温度的设置,以围栏加保温伞的局部育雏方式为例(表6-4),父母代种鸡育雏温度坐标图见图6-14。切记,这些温度只是参考,最重要的原则还是"看鸡施温"。

表6-4 不同土鸡育雏舍温度调控参考

时间	快大型土鸡/℃	清远麻鸡等/℃	竹丝鸡/℃
0~3日龄	33~34	34~35	35~36
3~7日龄	32~33	33~34	34~35
第二周	30	32	33
第三周	28	30	30
第四周	26	27	27
第五周	24	24	24

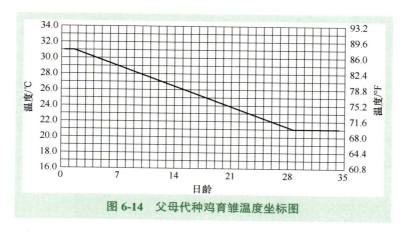

图 6-14 父母代种鸡育雏温度坐标图

鸡舍内的温度要保持均衡和稳定，避免温度忽高忽低和鸡舍两端温差过大。检查温度是否合适的最佳方法是观察鸡苗的分布状态及活动表现。不同温度条件下的雏鸡表现见图 6-15。

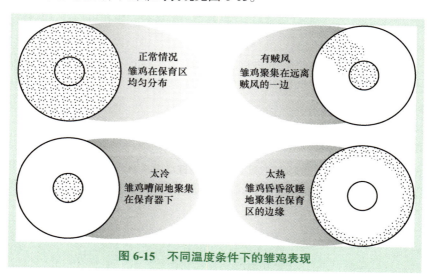

图 6-15 不同温度条件下的雏鸡表现

【提示】

雏鸡的体温，从在离开出雏器后到被放置到育雏舍之前开始下降。如果雏鸡离开运输车时的体温低于 37℃，10% 的雏鸡将会死亡。

【小经验】

可以将雏鸡的脚紧贴脸颊、嘴唇或放到手背上,以是否冰凉判断其体温正常与否。

2. 湿度管理

在整个育雏期,都应该使鸡群处于适当的湿度条件下,这样既能保证雏鸡的舒适性,也能降低鸡舍中的粉尘。育雏期的湿度参考表 6-5。

表 6-5　育雏期的湿度

日龄/天	相对湿度(%)	日龄/天	相对湿度(%)
1~3	60~70	15~17	50~65
4~7	60~70	18~21	50~65
8~10	55~65	22~24	45~65
11~14	55~65	25~28	45~65

【小经验】

平养鸡舍要注意地面的颜色,假如呈暗黑色,那就是湿度太高,应该立即增加通风量。同时,检查这种情况是某个区域还是整个鸡舍都存在。

3. 光照管理

育雏期的光照要以满足雏鸡的采食和饮水为基本要求,2 周龄以下的雏鸡由于基本采取自由采食,因此早期光照长度和转换速度取决于体重的变化情况。过低的光照强度会影响雏鸡的采食和饮水质量,过高(大于 60 勒)则会刺激雏鸡活动而影响鸡群的休息,甚至出现啄羽和啄肛。整个育雏期,要注意灯源的均匀分布,保持灯源的清洁,及时更换已损坏的灯源。育雏期光照时间和强度参考表 6-6。

表 6-6　育雏期光照时间和强度

日龄/天	光照时间/小时	光照强度/勒	日龄/天	光照时间/小时	光照强度/勒
1~2	24	30~40	5~7	16	30~40
3~4	23	30~40	8~9	12	5~10

(续)

日龄/天	光照时间/小时	光照强度/勒	日龄/天	光照时间/小时	光照强度/勒
10~11	10	5~10	15~21	8	5~10
12~14	8	5~10	22~28	8	5~10

4. 育雏期的通风管理

雏鸡入舍后,在保证温度的前提下,适量的通风有利于雏鸡的健康发育,这在育雏的前3天有着重要的意义。但不要片面强调前3天的保温,而忽视适量通风的重要性。在育雏期的通风管理中,控制好进风口的大小并做好遮挡,避免冷空气直接吹到雏鸡身上,这一点在寒冷季节时尤为重要。

随着雏鸡的生长,其对通风换气的要求也越来越高,因此要逐渐加强对通风设备的管理,包括对进出风口的调整,要尽量避免鸡舍两端的温差过大。在育雏期,尤其是在寒冷季节和1周龄时,保温和通风是相互矛盾且相互制约的,但无论何时都必须加强鸡舍的保温和供暖管理,确保鸡舍的最小通风量,以保证鸡舍内有足够的新鲜空气(氧气),满足雏鸡健康生长和发育的需求。

六、做好种鸡育雏期每天工作流程

种鸡育雏期每天工作流程见表6-7。

表6-7 种鸡育雏期每天工作流程

时间	工作内容
7:00~7:10	更换消毒水,检查锅炉
7:10~7:30	加水,通风,观察鸡群,捡死鸡(捡过后洗手)
7:30~8:30	加料
8:30~9:30	鸡舍卫生清扫,水桶、水线的清洗
9:30~10:00	检查锅炉,匀料
10:00~10:30	带鸡消毒
10:30~10:50	检查锅炉,下班前工作检查
12:00	到育雏舍检查锅炉、鸡群

（续）

时间	工作内容
13：30~13：40	检查锅炉和设备
13：40~14：00	打水，检查鸡群
14：00~15：00	加料
15：00~16：00	鸡群的调整，其他工作
16：00~16：30	匀料
16：30~17：00	打水，观察锅炉
17：01~17：30	检查光照和风机的自动控制器，写报表、送报表，关好门窗

第七章
搞好种鸡育成饲养，向体重要效益

第一节　种鸡育成期饲养管理中的误区

一、不限饲、不控制体重

在土鸡种鸡饲养过程中，特别是不熟悉土鸡种鸡饲养管理的人，最容易犯的错误就是不限饲、不控制体重，这也是对土鸡种鸡繁殖性能影响最大的问题。可以说"不限饲，不控制体重"是土鸡种鸡饲养中第一大误区。

由于育种工作的不断改进，土鸡的生长速度一代比一代更快，其父母代种鸡的生长速度也表现为一代比一代更快。生长速度与繁殖性能不是齐头并进的，显然也不允许种鸡群表现出它的生长遗传潜力。大量的生产实验证明，不进行任何限饲的母鸡的产蛋量只有合理限饲母鸡的60%。由此可见，土鸡种鸡"不限饲，不控制体重"，不仅造成饲料浪费，且因产种蛋减少，造成收入大幅度减少，成本增加。

根据土鸡种鸡不同的生长发育阶段和生理特点，对土鸡种鸡营养摄入量采取一定程度的限制，确保其生长体重在合理的范围，才能充分发挥土鸡种鸡繁殖性能的遗传潜力。土鸡种鸡需要终身限饲，这是养好土鸡种鸡关键性的技术措施。

在现代土鸡种鸡饲养管理中，一般标准的土鸡种鸡品种，经过多年饲养管理摸索和经验总结，都会制定出土鸡种鸡限饲方式和体重控制标准，确定不同阶段应该采用的限饲方式，以及每周龄种鸡合理体重目标和增重标准，这样才确保种鸡在各时期体重合理，让其繁殖性能得到充分发挥。

二、过度强调体重均匀度

土鸡种鸡饲养者在生产中仅对体重的均匀度要求较高，认为只要体重均匀度高，产蛋率就高。其实追求较高的体重均匀度并没有错，但如果体重均匀度过高，必然会走入误区，特别是对本身骨架和性成熟均匀度不高的土鸡品种，很容易出现骨架小的鸡过于肥胖，而骨架大的鸡则偏瘦并发育不良，这会严重影响其生产性能的发挥。

所以除了测量体重均匀度外，生产者要经常在现场通过观察和触摸的方法，来综合评价其整体均匀度。有条件最好是测量鸡的骨架和冠高，并计算其均匀度情况。要想土鸡种鸡的生产性能得到充分发挥，整体均匀度非常重要。

第二节 提高种鸡育成期饲养效益的主要途径

一、熟悉育成期生理发育特点

育成阶段鸡仍处于生长迅速、发育旺盛的时期，机体各系统的机能基本发育健全；已经换羽并长出成羽，具备了体温自体调节能力；消化能力日趋健全，食欲旺盛；钙、磷的吸收能力不断提高，骨骼发育处于旺盛时期，此时肌肉生长最快；脂肪的沉积能力随着日龄的增长而增大，必须密切注意，否则鸡体过肥对以后的产蛋量和蛋壳质量有极大的影响；体重增长速度随日龄的增加而逐渐下降，但育成期增重幅度仍然最大；小母鸡从 11 周龄起，卵巢滤泡逐渐积累营养物质，滤泡渐渐增大；小公鸡 12 周龄后睾丸及副性腺发育加快，精子细胞开始出现。18 周龄以后性器官发育更为迅速，卵巢质量可达 1.8~2.3 克，即将开产的母鸡卵巢内出现成熟滤泡，卵巢质量达 44~57 克。由于 12 周龄以后公、母鸡的性器官发育很快，对光照时间长短的反应非常敏感，如果不限制光照将会出现过早产蛋等情况。种鸡不同阶段的生理发育特点和管理要点见图 7-1。

二、明确育成期培育目标

育雏育成期共 18 周，仅仅是土鸡母鸡寿命的 1/3，但育雏育成期是母鸡一生中最重要的阶段。其中，育成期的培育目标为：获得有较好的均匀度、良好的体形、体重符合品种标准的健康鸡群，以及适时开产。要求种鸡健康无病、体重符合该品种标准、肌肉发育良好、无多余脂肪、骨骼坚实、体质状况良好。

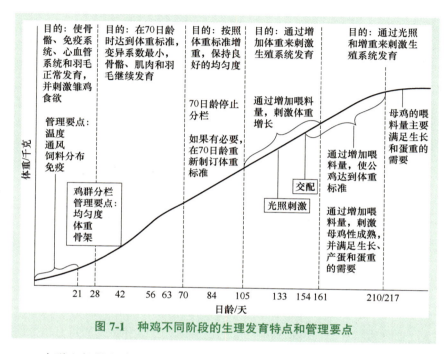

图 7-1　种鸡不同阶段的生理发育特点和管理要点

鸡群生长的整齐度，单纯以体重为指标不能准确反映问题，还要以骨骼发育水平为标准，具体可用跖长来说明肥度、肌肉发育程度和体重三者的恰当关系。小体形肥鸡和体形过大鸡相比，前者脂肪过多，发育不良，虽然体重达标，但是全身器官发育不良，必然是低产鸡；后者体形过大，肌肉发育不良，也很难成为高产鸡。因此，要求体重、跖长在标准上下 10% 范围以内，至少 80% 符合标准要求。体重、跖长一致的后备鸡群，成熟期比较一致，达 50% 产蛋率后迅速进入产蛋高峰，且持续时间长。

【提示】

任何在育成期犯下的错误都不能在之后的产蛋期进行改正和调整，并将严重影响产蛋性能。

三、做好育成期分群工作

1. 分群时间

育成期间一般进行 3 次分群，第一次分群时间在 7~8 周龄，第二次分群时间在 11~12 周龄，第三次分群时间在 14~15 周龄。

2. 分群前的准备工作

1）分群要避开免疫期、鸡群亚健康时期，分群的前 1 天，准备好所有的电子秤或杆秤并校正，添加鸡群抗应激药物。

2）抽样称重标准：在整个育成期，称重前对电子秤进行校准；要求空腹称重；每周要定时称重，不能人为提前或推后；后备母鸡分大、中、小各按照 3%~5% 的比例称重，公鸡按照 10% 的比例称重；后备鸡都固定笼位称重，称重抽样的笼位要分布均匀；称重结束后，当天及时统计体重数据。

3）认真计算鸡群平均体重及均匀度，第一次分群一般分 5 个等级：特大、大、中、小、特小。一般特大鸡体重范围为平均体重的 120%~125%，大鸡为平均体重的 110%~120%，中鸡为平均体重的正负 10% 内，小鸡为平均体重的 80%~90%，特小鸡为平均体重的 75%~80%。根据产蛋舍所需要的鸡数决定特大、特小是否淘汰，一般第一次分群时淘汰特小鸡。第二次分群和第三次分群一般分 3 个等级，根据产蛋舍所需要的鸡数确定淘汰范围，一般中鸡的范围为平均体重的正负 10% 内，小鸡为平均体重的 75%~90%，大鸡为平均体重的 110%~125%，体重为平均体重 75% 以下及 125% 以上的鸡淘汰。

3. 分群操作程序

1）准备好所有的电子秤或杆秤并校准。

2）称重时必须在电子秤的数字平稳后再放鸡。

3）抓鸡时要轻拿轻放，减少鸡的应激。

4）技术员对称过的鸡抽称，发现错误较多的要重称。

5）对地面乱跑的鸡全部抓起并称重放好。

6）全部称完后所有人员把鸡按照体重级别标准调整好，并保证 100% 的满笼率，技术员按不同等级体重立刻喂料，如果分群时间选择在控料日，饲喂次日料量的 50%，第二天再喂当天料量的 50%，如果加的料天黑还没吃完，可以延长照明时间让鸡采食饮水，减少应激。

4. 分群的注意事项

如果是在育成舍进行第三次分群，转群时要和产蛋舍沟通好，将各个体重标准的鸡群分开抓，转到本场以外的产蛋舍，标清各等级体重鸡群有多少笼，并做好标记，防止不同等级放乱。

【小知识】

> 土鸡分群时需要注意冠头的高低。快大型土鸡19~21周龄时按高、中、低冠分群，慢速型优质鸡18~19周龄时按高、中、低冠分群。分好高、中、低冠群后，喂料量以中冠为标准增减2~3克。分出早、迟熟后，迟熟鸡每周拌维生素料3天。每次称重分群或分高、中、低冠群力求仔细准确，严格把关。

四、做好体重均匀度控制

体重控制的目标是：在育成期所有的鸡按照体重标准生长，同时要有好的均匀度。通过控制料量使鸡达到要求的目标体重。鸡所需要的料量基于它们的体重增长和维持生理所需计算。监测鸡群体重或均匀度，使下一周龄的料量有据可依。

1. 抽样称重

通过抽样称重监测鸡群生长发育状况，并将称重结果与体重标准进行比较。可用精确度为20克的称重器来称重。用普通的杆式、台式、挂式、盘式称重器（图7-2、图7-3），劳动强度大，还要求手工记录和计算。自动称重器（图7-4）能自动记录个体体重，并能自动输出称重群体的统计结果。两种类型的称重器都能达到同样的效果，但需注意的是同一鸡群的重复监测必须固定使用同一类型的称重器。

将自动称重器放在鸡舍内，可以监测鸡群当天的体重。但在使用自动称重器时，需要手动校准称重器，设定好公、母鸡体重监测范围值。所有的称重器具必须经过校准，应随时用标准砝码检查称重器具是否准确（在每次抽样称重开始和结束时都要进行校准）。

从21日龄（3周龄）起，对抽样的鸡群要开始逐只称重。平养鸡舍利用围栏围鸡50~100只，围住的鸡都要称重，以消除选择带来的偏差，如果一个栏（圈）的鸡数超过1000只，必须在栏内不同位置取2个点称重。笼养鸡舍可以按笼具组数选择鸡数进行称重。

图 7-2 台式称重器

图 7-3 挂式称重器

图 7-4 自动称重器

应在每周同一天的同一时间、同一地点、同一称重器、同一人员、随机抽样进行称重，最好在限饲日称重，如果在饲喂日称重，应在鸡群吃料后 6 小时进行（下午 15：00 以后）。目的是通过准确抽样称重获得鸡群生长和发育的准确信息。

抽取一定数量的样本是为了减轻劳动强度，但是目的是通过称取尽量少的鸡，使得到的数据能代表全群的平均体重，按照统计学的概念，这就必须满足两个必要条件：一是必须抽取足够的数量（规定大鸡群不能少于 5%，小鸡群要增加比例）；二是抽样必须是随机的，即鸡群当中所有的个体都有相同的机会被抽样并称重。这样抽样称得的体重才能代表群体的平均体重。

2. 监测体重均匀度

监测体重均匀度，可以实现对土鸡种鸡整个生命周期体重的控制，确保种鸡正常的生长和发育，使公、母鸡群均匀而协调地达到性成熟。体重可通过调整饲料量进行控制，饲料量既可维持又可增加。在育成期，由于对种鸡实行限制饲养，所以应确保所有种鸡在同一时间采食同样数量的饲料。

良好的均匀度和达到体重标准同样重要。在饲养过程中首先暴露的问题是均匀度偏低。均匀生长的一个重要表现是骨骼的良好发育，因性成熟的时间还取决于鸡的体形。体重一致而骨骼大小有差异的鸡群，体形也有差异，这种鸡群对光照和饲料变化的反应并不同步。在生长期，每周都要按照标准增重，如果早期体重超重，势必造成为了调整体重而降低增料幅度，这样会导致鸡群的均匀度变差和生长发育不良。如果种鸡在早期不能达到体重标准，会使鸡群早期的骨骼发育不良，羽毛发育不好，这将导致鸡群不能对光照刺激产生良好的反应，进而影响种鸡的生产性能。

在种鸡饲养整个过程中，保持鸡群较高的均匀度是鸡群取得良好产蛋性能的关键。均匀度用鸡群的平均体重±10%体重范围内的鸡数占所称全部鸡数的百分数来表示。

如果体重在平均体重±10%范围的鸡数不能达到所称鸡数的80%（即均匀度低于80%），那么就要对鸡群均匀度采取相应措施。

【关键点】

为了保证每周体重能按标准增长，必须做到鸡数准、料量准、称重准，每次称料和称重前都应该对称量器具进行校准。称料时，不要忘记减除皮重。称鸡时，首先要确保足够的鸡数，更要做到读数准确，计算无误。

【注意】

如果抽样称重结果与体重标准和预计的增重情况不符，不要匆忙调整饲料量，而应该马上进行第二次称重，以检验称重结果的可靠性，然后再确定下一周的饲料量增幅。重新称重可使我们发现管理中存在的一些问题，如喂料错误、饮水出现问题、鸡群串栏导致鸡数不准和鸡群存在健康问题等。

应根据实际体重和体重标准的差异，同时考虑其他因素确定下一次饲料量。

五、做好限制饲养管理

理解鸡群生长期体重曲线是非常重要的，一般体重曲线可以分为3个阶段（图7-5）。第一阶段是0~5周龄，这一阶段是鸡群一生中骨架大小和均匀度发育最重要的时期。第二阶段是6~15周龄，这一阶段中鸡群维持控制饲料量，防止体重超标。第三阶段是16周龄以后，在此阶段鸡群需要加快生长速度为性成熟做准备，同时提高均匀度，达到此周龄鸡群应有的体重。

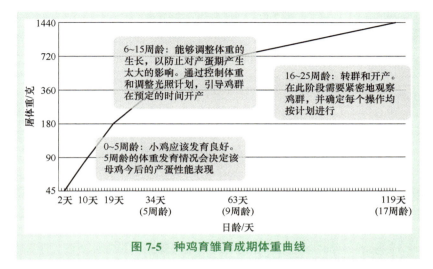

图 7-5 种鸡育雏育成期体重曲线

为了避免因采食过多,造成产蛋鸡体重过大或过肥,在此期间对日粮实行必要的限制,或在能量蛋白质质量上给予限制,这一饲喂技术称为限制饲养。

1. 限制饲养的作用

控制生长速度,使体重符合标准要求;防止性成熟过早;节省饲料,降低种鸡培育成本;提高体重、体况均匀度;降低腹脂含量,减少产蛋期的死亡率。

2. 限制饲养的方法

(1) **限时法** 限时法分每天限饲、六一限饲、五二限饲、四三限饲、隔天限饲。

每天限饲为每天喂给一定量的饲料,或规定饲喂次数和采食时间。六一限饲为 1 周的饲料 6 天喂完,饲喂 6 天,停饲 1 天。五二限饲为 1 周的饲料 5 天喂完,饲喂 5 天,停饲 2 天。四三限饲为 1 周的饲料 4 天喂完,饲喂 4 天,停饲 3 天。隔天限饲时,平均 1 周的饲料 3.5 天喂完,饲喂 1 天,停饲 1 天。限制饲喂的参考程序见表 7-1。

(2) **限质法** 用饲料的营养水平限制饲喂,生产中一般不采用。

(3) **限量法** 用饲料的数量限制,本方法常与限时法一起应用,很少单独使用。

表 7-1 限制饲喂的参考程序

饲喂方法	周一	周二	周三	周四	周五	周六	周日	备注
每天限饲	√	√	√	√	√	√	√	
六一限饲	√	√	√	√	√	√	×	
五二限饲	√	√	√	×	√	√	×	√：饲喂 ×：限饲
四三限饲	√	√	×	√	×	√	√	
隔天限饲	√	×	√	×	√	×	√	

3. 具体操作

1）限制饲养时参考的依据是每周的实际体重与标准体重的差距。

2）一般前 3 周自由采食，从 4~5 周龄限制饲养，限饲期间根据鸡的不同生理特点有所偏重。育雏后期将体重控制在标准范围上限，育成前期采用严厉限饲法，使体重控制在标准范围下限。育成后期生殖器官发育阶段采用缓和限饲法，将鸡群实际体重控制在标准体重范围上限。

3）育雏期和产蛋期适合每天限饲。6~7 周龄适合每天或六一限饲。8~15 周龄适合五二或四三限饲。16~18 周龄适合五二或六一限饲。19 周龄转为每天限饲。隔天限饲适用于生长速度较快且难以控制的鸡群和阶段，体重超标的鸡群和阶段也可应用。

4. 注意事项

根据鸡群、饲料、设备、密度、舍温制订切实可行的限饲方案。确定喂料量的最终目标是控制合适体重。

体重是确定料量的基础，监测好每周的称重，根据体重决定饲喂量，将体弱、过小的鸡挑出或淘汰。

在喂料日，饲料要一次性喂完，不能分几次喂，限饲时一定要有足够的采食位置和合理的饲养密度。在限饲过程中，要注意鸡群的健康状态，如冬季舍温低于 10℃，鸡群处于患病、疫苗接种等应激条件下，要暂停或调整限饲方案。

在限料同时适当限制供水，在高温炎热天气和鸡群处于应激情况下不可限水。另外，停饲日不要投喂沙砾。

六、做好种鸡育成期每天工作流程

种鸡育成期每天工作流程见表 7-2。

表 7-2　种鸡育成期每天工作流程

时间	工作内容
7:00~7:10	更换消毒水
7:10~7:30	加水，通风，观察鸡群，捡死鸡（过后洗手消毒）
7:30~8:30	喂料
8:30~9:10	鸡舍卫生清扫，水桶、水线的清洗
9:10~10:00	匀料
10:00~10:30	带鸡消毒
10:30~10:50	下班前工作检查
13:30~13:40	更换消毒水
13:40~14:20	打水，观察鸡群
14:20~15:20	鸡群调整
15:20~16:30	称料，上料
16:30~17:00	出鸡粪，打水
17:00~17:30	检查光照和风机的自动控制器，写报表、送报表，关好门窗

第八章
搞好种鸡饲养,向繁殖要效益

第一节 种鸡饲养管理中的误区

一、精细化管理不足

给料时过度依赖饲养参考标准,缺少对客观实际情况的分析,往往达不到预期的结果。每次定料量前,都应该做足功课,对种鸡的体重、体重增重幅度、产蛋率、环境温度、鸡群应激、饲料质量等因素要进行全面充分的分析,然后对需要达成的目标进行评定后再定给料量。

精细化管理不足,对硬件重视不够。相对而言,肉种鸡饲养管理对精细化要求更高些。大家都清楚,对孕妇而言很多药物都是禁忌,主要是考虑到药物的副作用,对肉种鸡也是如此,除了考虑产蛋量外,还要考虑到其后代鸡苗的健康状况。

为了减少肉种鸡用药,唯一的办法就是精细化管理,主要是从"吃""喝""住"三个方面入手。

(1)"吃" 要用好饲料,肉种鸡饲料质量比蛋鸡和商品肉鸡的要高;不要随意更换饲料原料和配方,特别是原料市场价格波动时,若需要调整配方,就必须做好充分试验和调查,确保没问题再做调整;在饲料生产、运输、保存、投喂等各环节,都要高度重视标准,严格按标准执行。

(2)"喝" 不要误认为鸡的饮用水标准比人的要低,特别是微生物方面要求,鸡饮用水标准要求反而更高。肉种鸡场尽可能用深井水,如果是地表水或自来水最好都加上饮用水净化设备,目前用得比较多的是反渗透、紫外水净化设备,这些净化设备一次投入费用看起来较高,但更有利于肉种鸡健康状况和生产性能，从带来的经济效益看是非常值得的。

（3）"住"　肉种鸡饲养环境要求和标准不能低，特别是规模化、集约化、现代化肉种鸡养殖场，饲养要求的温度、湿度、空气质量等环境指标均采用了数字化和标准化，鸡舍的环境控制接近中央空调调控水平。

总而言之，只要想尽一切办法让肉种鸡"吃好、喝好、住好"。肉种鸡的产蛋率、孵化率就会更加理想，单位生产成本会明显降低，养殖效益也会显著提升。

二、对累加应激预防不足

在肉种鸡生产管理过程中，小应激经常有，甚至到了习以为常的程度，特别累加应激没能引起我们的注意，给生产带来很大损失。因肉种鸡饲养管理中，需要限料、授精（人工授精）、产蛋，而且为了下一代鸡苗的健康，疫苗免疫操作相对更多，这些应激就很容易累加。为避免累加应激的出现，要求现场管理者要提前做好生产计划，尽可能避免鸡群累加应激。比如，鸡群免疫前后3天尽量不限料；限料当天或前1天，尽量不要安排疫苗免疫；能在开产前完成疫苗免疫，就不要推到开产后；人工授精时尽可能减少疫苗免疫。

第二节　提高种公鸡繁殖性能的措施

一、加强种公鸡饲养管理

1. 后备种公鸡饲养

（1）**育雏期的饲养管理**　确保适宜的进苗数，父母代种公鸡进苗数为母鸡进苗数的12%~15%。公鸡在孵化场要断趾（大体型的要剪冠），以便于区分。进入育雏舍后，公母鸡要分开饲养。育雏期第4天要单独对公鸡做球虫疫苗，预防后期地面散养时发生球虫病。育雏前2周挑出糊肛鸡，以减少白痢阳性率。育雏20天左右第一次挑选，挑出并淘汰鸡冠发育差（小冠、白冠、倒冠），羽色明显不符合品种要求的鸡。整个育雏期淘汰比例在25%~30%。

（2）**育成期的饲养管理**　5~6周龄转入育成舍，及时换料，并进行营养和肠道保健。6~7 周龄进行称重分群，淘汰偏小及特大个体，同时淘汰鸡冠差、羽色不符合品种要求的鸡，选留数量控制在 350~400 只，准备转入公鸡舍。分完群转入公鸡舍进行网上或地面散养。

(3) 转入公鸡舍后的饲养管理

1) 选种：转入公鸡舍 1 周内，少部分公鸡表现出躲到角落里，食欲差、瘦弱及没有斗性，根据情况可选择淘汰。

2) 平养期间分群：10~11 周龄分群，选留体重中等偏上的个体，选留数控制在 250~300 只；14~15 周龄分群，选留体重中等偏上的个体，选留数根据实际情况，选留均匀度应达到 90% 以上。

3) 体重控制：体重达标的个体才能留作种用，要求每周抽测体重 1 次，每次抽测比例在 10% 以上。

4) 限饲方式：公鸡从笼养转到平养后，根据情况可采用六一限饲，进入预产后期即转为每天喂料，不再进行限制饲养。

5) 做好环境卫生和消毒工作：地面平养要保持垫料干爽，每周清扫运动场 1 次，每天带鸡消毒 1 次。

6) 保健：一般公鸡转入后 7~10 天投 1 次球虫药预防；每月进行 2 次保健用药，多采用"中草药+多种维生素"预防呼吸道和肠道疾病，必要时采用注射阿米卡星等方式。

7) 光照：16 周龄前有效光照时间不低于 12 小时，16~20 周龄有效光照时间为 13 小时，21 周龄为 14 小时，22 周龄为 15 小时。对种母鸡加光照后，再将种公鸡转入产蛋舍。

2. 预产期种公鸡饲养

1) 选种：转群当天先从外观上进行第一次挑选，倒冠鸡、没有尾羽及有疾病和畸形的直接淘汰，选择体形、体重均符合标准，外貌符合本品种特征的公鸡。

2) 体重要求：18~21 周龄周增重要稳步上升。

3) 喂料：转到产蛋舍后用育成料与种公鸡料以 1∶1 比例拌料饲喂 3~4 天，然后过渡到种公鸡料。同时，用维生素 A、维生素 D、维生素 E 与硒拌料促进性器官发育。

4) 采精训练：第二次挑选在输精前 7~10 天进行，采精训练淘汰性反射差的鸡，将性反射较好的留下，数量要够。每隔 2~3 天采精 1 次，第一次采精动作一定要适中，且将精液采干净。

5）训精期间修剪尾羽：修剪种公鸡泄殖腔周围 1~1.5 厘米处的羽毛。

6）精液检测：产蛋率达 5%~10% 时进行精液检测，将死精、弱精、采精时性反射差、排精量少或不排精的鸡直接淘汰。

3. 产蛋期种公鸡饲养

产蛋期公鸡的利用强度以隔天采精或采 2 天停 1 天的模式为宜。同时，公鸡在产蛋期的利用期限非常长，为了确保产蛋后期的种蛋受精率，必须在产蛋期对种公鸡进行精心护理保养。种公鸡护理保养要点如下：

（1）**体重监控**　公鸡开产体重是衡量公鸡是否达到品种要求的一个重要指标，也是评定其繁殖性能的一个重要指标，因此开产时必须选择体重达标的公鸡作为种公鸡。

在以后的生产过程中，公鸡体重还会不断增长，有 500~1000 克的增幅，具体情况因品种而异。生产中应该保证种公鸡体重达到相应的目标体重，但不能超重过多。为此每月务必检测 1 次种公鸡体重，因公鸡数量不多，可以全部检查，并做好详细记录，发现体重较上次下降达 200 克的个体要隔离饲养，暂停使用，并重点检查其精液品质。

不论喂料量多少，一定要确保种公鸡体重达到品种相应时期的标准。产蛋期间，任何情况下出现种公鸡体重下降幅度超过 200 克，都会对受精率产生严重影响。

（2）**精液品质的鉴定**　该项工作在开产时应该做 1 次，以后每月全群检查 1 次，发现品质较差的公鸡要隔离并检查健康状况，淘汰不合格的个体，只有检测合格的公鸡才能作为种公鸡使用。

（3）**饲料选择**　种公鸡的营养需要与母鸡有很大差异，公母鸡不能使用同一种饲料。产蛋期间种公鸡需使用种公鸡专用料，种公鸡的饲料要求：粗蛋白质 12%~14%、能量 11.7 兆焦/千克、钙 1.5% 左右。长期使用高蛋白质水平饲料，会导致公鸡睾丸萎缩，对公鸡繁殖性能有较大影响；高钙水平饲料会加重肾脏负担，损害公鸡健康。公鸡对各种维生素的需要量比母鸡大，一般是母鸡的 2 倍量，所以应特别注意各种维生素的补充，建议使用量为维生素 A 10000~20000 国际单位、维生素 D 2000~4000 国际单位、维生素 E 20~40 毫克、维生素 C 0.05~0.15 克。

(4) 饲养环境

1）单笼饲养：种公鸡应采用单笼饲养，因公鸡比较好斗，两只在一笼饲养时常相互打斗，影响繁殖性能。

2）温度和光照：公鸡在 20~25℃的环境下，可以产生理想的精液。温度低于 5℃时，公鸡的性活动将有所下降；当温度高于 30℃时，会降低公鸡的繁殖性能，当温度达到 37~38℃以上时，就会大大降低公鸡的繁殖性能。公鸡有母鸡需要的光照时间时可以很好地发挥其生产性能，但是光照时间低于 9 小时时，精液品质就会明显下降，光照度在 10 勒就可以满足公鸡生产的需要。种公鸡应该放在通风良好、比较光亮的产蛋舍的两边上层饲养，为防止被阳光直接照射，应该放在背阳一侧。

(5) 种公鸡的保健　种公鸡多发的疾病主要有痛风、中耳炎、肠道疾病等。针对痛风，可以采用种公鸡专用料来避免，同时每月使用活力健饮水 2 次，每次 2~3 天；针对肠道疾病，每月使用中草药拌料 2 次，每次 3~4 天，也有利于帮助其消化。对于中耳炎，应查明致病原因并消除，采用抗生素及滴耳液治疗。种公鸡对维生素比较敏感，除从饲料中获取以外，每隔 2 天或每天，应额外添加 1 次，主要包括维生素 A、维生素 D、维生素 E、维生素 C、B 族维生素等。用量按照使用说明的 2 倍使用，通过拌料添加，使用原则为少量多次。精液量较少时，每周补充 1 次多种维生素或胡萝卜。

(6) 其他工作　为了减少采精时粪尿污染，通常将公鸡料在下午做完人工授精后一次性饲喂。为了便于采精，要求每月修剪 1~2 次公鸡羽毛，但不能以扒毛的方式，剪毛也不能过多，否则都会影响公鸡健康。每天早上喂料前，清扫 1 次公鸡料槽，每月擦洗 2 次公鸡料槽，保持料槽内卫生，无霉变、积块饲料。调整公鸡笼水线位置到合理高度，保证每只公鸡有充足的饮水。每半月观察 1 次公鸡状态，发现精神状态较差的个体，挑出、停止采精，调理一段时间好转后再使用，未好转就淘汰。

二、加强种公鸡精液检测

1. 检测指标

公鸡精液品质的评定主要是从精液量和外观、精子的密度、精子活力方面进行。

2. 检测所需材料

普通显微镜 1 台（要求配有光源）、输精盒 2 个、标准离心管数百只、枪头数百只（根据公鸡数量来定，每只公鸡至少 1 只）、移液枪 1 把、载玻片数张、医用脱脂棉少量，以及凳子、笔、记录表格。

3. 操作方法

（1）**检测开始前**　将离心管插在输精盒上，每排插 1 组公鸡的数量，采精时直接用离心管接取精液然后按顺序插回原来的孔，交给检测人员，采精人员继续采下一组。位置绝对不能搞错，即使采精时遇见空位，也要保留与该空位相对应的离心管的位置。1 个人专门检测，2 个人负责采精协助。也可以由检测人员随着检测公鸡的位置移动显微镜，1 个人采精，检测人员直接拿载玻片逐只接精液，接到精液后轻轻一甩，放在显微镜下检测。

（2）**精液量和外观的检测**　精液量的评定由采精人员负责，采精人员在采精的过程中发现精液量少的公鸡要做好标记，以便接下来将该类鸡挑出处理。检测人员在镜检之前，要对每只公鸡的精液外观形态做一个快速的检查，并在镜检该公鸡的精液品质后一同记录在相对应的表格中。正常的精液应该为乳白色或微显黄色、不透明的乳状液体，精子密度越高乳白色越深，反之则颜色越浅。若颜色异常则说明受到了污染：呈黄褐色是被粪便污染，呈粉红色是被血液污染，混有尿酸盐时呈白色的絮状，呈水样则是透明液过多。

（3）**精液的密度检查**　一般分密、中、稀三级进行评定。先在载玻片上滴一小滴精液，在滴加样品时，将移液枪靠在载玻片上向后移动，注意不能靠得太紧，将 2~3 份样品均匀平铺在载玻片上，不能用枪头去搅动滴在载玻片上的液面。盖上盖玻片，要求迅速完成检测，而且要求环境温度越低越快。镜检时，选取 4 个不同方向的视野，在 160 倍镜下观察。一般可观察到下面 3 种情况：密，即整个视野完全被精子占满，精子间几乎无空隙；中，即视野中精子之间有比较明显的距离；稀，即视野中精子之间有较大的空隙。

（4）**精子的活力检查**　使用 160 倍镜检，可看到大群的精子在视野里游动，如果很像开水煮沸时的样子，或成云雾状翻滚运动，就可以判定精子的活力比较好。该检测法是通过检查精子运动的能力判断精子的活力，在选取的 4 个视野中，要求至少 3 个看到大群精子游动的情况；2

个视野可以观察到大群精子游动的情况时只能说明其活力一般;仅1个视野可以看到时,说明其活力是比较差的,应该再重新检测1次,仍然不合格就可以判定其活力较差。

4. 注意事项

1)该方法要求检测时的环境温度在15℃以上,低于15℃对准确性就会有一定的影响,如果冬季气温低于10℃,载玻片的温度明显很低,此时采的精液滴在载玻片上后,活力下降很快,检测的准确性明显降低,可以将载玻片放在装满热水的桶盖上确保载玻片温度在20℃以上(手感觉温热即可)。

2)每次取样要有代表性,受到污染的精液不能用,每次在载玻片上放2~3个样本再用盖玻片盖上,迅速镜检,注意不能用枪头搅动。

3)对每滴精液检测时要求至少要观察4个以上的视野,视野的选取可以是液滴的4个方向。

4)镜检过程中要求动作要快,在尽量短的时间内完成。为了便于操作,选取160倍镜。

5)操作过程中,应避免精液品质受到影响,各种用具使用前要清洗干净且严格灭菌,灭菌最好使用高温灭菌,而不是使用消毒药水灭菌,避免药物的残留。

6)在选取镜检的4个视野中,要在2个以上的视野中看到很多精子游动的状态,如果没有,可以重新取样,重复上述操作,经过2次检查就可以对该公鸡的精液做出定论。

7)精液品质的评定一般有重点、定期进行,如在开产前进行1次检查,以后每2个月检查1次。对于检出精液不达标的公鸡要隔离饲养,经过一段时间还不能恢复的公鸡可提前淘汰,在隔离饲养的过程中每周至少采精2~3次,以达到训练公鸡的目的。

8)每只公鸡都应做好标记,以防出错,可以在鸡笼上编号。

9)精液品质的评定一般是在上午进行,以免对下午的人工授精工作造成影响。

三、做好人工授精工作

1. 准备用具

采精杯、集精杯、输精枪、输精枪头、枪头盒、漏盆(用于洗枪头)、布袋(用于枪头甩水)、医用脱脂棉。

2. 采精操作

1)采用背腹式按摩法,一人保定公鸡采精,另一人收集精液。

2)保定采精人员右手将公鸡双腿握住并置于腿上固定(头朝后,尾朝前)。左手拇指和其他四指自然分开,以掌面贴在公鸡背部两翅内侧,向尾部区域轻快按摩,并往返1~2次。

3)按摩后公鸡出现性反射,尾羽上翘,泄殖腔外翻,立即翻转左手,并以左手掌将尾羽向背部拨使其向上翻,拇指和食指放在勃起的交配沟两侧,向交配器挤压采精。同时,接精人员把采精杯口放到交配器下接精液,采精人员左手挤压几次,见已无精液流出时移去采精杯。采完精后要用手盖住集精杯。

3. 采精注意事项

1)采精人员食指和中指夹一小团医用脱脂棉,采精时发现有尿酸盐流出时,立即用医用脱脂棉擦去,防止污染精液。

2)在采精过程中,采精人员抓公鸡的动作要轻快,从鸡笼抓出公鸡后立即采精。

3)用采精杯接精后,将血、尿、鸡粪、皮屑、气泡等杂物清除,弃去不合格精液,每采完一只公鸡将采精杯中的合格精液吸出,集中于集精杯中。

4)采精人员应固定,不能随意换人。

5)挤压生殖器不可太猛。

6)每次采精要采干净。

7)建立公鸡采精制度:通常隔天采精或采2天休息1天。

8)公鸡采精前3~4小时停食。

4. 翻肛输精操作

1)翻肛:翻肛人员用右手握住母鸡双腿并稍提起,将母鸡胸部靠在笼门口处,左手在腹部施以压力(右侧为直肠开口,如果反向着力,便会引起母鸡排粪),施压时小指、无名指向下压,中指斜压、食指与拇指向下向内轻压即翻出输卵管。最好在输卵管口刚凸出泄殖腔时由输精人员输入精液。

2)精液浓度:输精前先根据输精枪刻度调整精液浓度,吸取精液时,轻按输精枪第一档,输精时按第二档。

3）输精深度：插入输卵管的深度以正好盖住精液看不见为宜。新开产、高峰期、小体型鸡群，要采取浅输精法（1~2 厘米）；产蛋后期鸡群、大体型鸡群，采用略深的输精方法（2~3 厘米）。

4）输精量：每次输入原精液 0.025~0.03 毫升，50 周龄后适量增多。

5）授精频率：5~6 天为 1 轮，首次输精做完 2 轮后再捡种蛋。

6）输精时间：夏天一般在 2：30~3：00 及以后，冬天在 2：00 以后输精效果更好，要严格控制输精时间，冬季应控制在 25 分钟（采第一只公鸡到输完最后一只母鸡为止）以内，夏季应该在 20 分钟以内，时间越短越好。

7）配合操作：翻肛人员与输精人员紧密配合，输精枪头对准输卵管开口中央垂直插入，当输精枪插入时，翻肛人员解除对鸡腹部的压力，输精人员注完精液后立即抽回输精枪，翻肛人员轻轻将鸡放回便可。拔出输精枪时，枪头内不可带有精液，若有精液，必须重输。输精人员应站在翻肛人员的右边完成输精，每输完一杯精液要洗手消毒。

5. 翻肛输精注意事项

1）翻肛时用力不能太猛。

2）1 次没输进的一定要重输，输 2 次以上还未输进或碰到输卵管有蛋的可以做好标记，最后再补输。

3）操作时检查枪头是否通畅，输精枪切勿平置或倒置。

4）1 只鸡换 1 个枪头、枪头过尖或有毛刺的不能使用。

5）输完后产蛋的鸡要补输，补输时间在母鸡产蛋 30 分钟后或所有鸡输完后。

6）天气炎热或鸡老化都易导致精子活力降低，应增加输精量或缩短输精时间。

7）每输完 1 盒枪头便放入消毒液中浸泡，输完精后用清水洗净，连续 3~5 次，直至残留的消毒液冲洗干净，甩干表面水分，装在布袋中统一放到洗衣机里脱水 1 分钟，放在 80~100℃烘箱内 3~4 小时，烘干消毒。

8）淘汰停产母鸡。

9）采精、输精的容器要烘干后使用。

10）每次吸取精液后，滴管前面不能留有空隙，否则会将气泡带入输卵管，不利于人工授精。

11）每输完一只鸡就要将滴管用医用脱脂棉擦拭干净，翻出的肛门尽量别用手接触，以免传播疾病。

6. 输精器械的卫生消毒操作流程

1）在输精作业前准备放好清水的容器。

2）在输精枪头使用了 1/3 时将使用过的枪头倒入盛有清水的容器中浸泡。

3）在输精工作结束后对所有的输精用具进行消毒，并用清水洗 2~3 次，确定完全洗干净。

4）将洗干净的输精用具倒入盛有酒精的容器里，浸泡消毒 20 分钟。

5）将消毒好的枪头、集精杯和采精杯装入护洗袋，放入洗衣机桶内。

6）将洗衣机设为脱水状态，脱水 5~10 分钟即可。

7）将脱干后的用具倒入盛有纯净水的盘内，淘洗 3~4 次。

8）将清水淘洗干净的输精用具装入护洗袋，送至洗衣机内进行脱水。

9）将脱水后的用具倒入烘干筛内，放入烘箱机内放置好。

10）将烘箱设定为 60~80℃，烘干时间为 60 分钟。

11）饲养员领回处理好的输精用具，将枪头装入枪头盒备用。注意保持枪头盒的卫生及装枪头过程中的手和空间的卫生。

四、做好受精率异常的原因分析及处理

1. 自身健康状况

（1）**公鸡的健康**　种公鸡受疾病影响，特别是痛风等，会严重影响种公鸡健康，从而降低精液品质，应关注种公鸡保健。

（2）**母鸡的健康**　如果母鸡发生某些疾病，造成母鸡生殖系统的组织结构受到破坏，则会影响受精率。

（3）**年龄状况**　随着公、母鸡生产年龄增加，繁殖性能随之下降，受精率下降。

2. 种公鸡精液质量差

（1）**遗传因素**　不同品种公鸡精液质量存在一定差异。在饲养后期，肉用种公鸡的精液质量比蛋用种公鸡的精液质量差，重型种公鸡的比轻型种公鸡的差。

(2) 周龄因素　随着周龄增大，种公鸡的精液质量也逐渐下降。一般种公鸡在20~24周龄达到性成熟；25~48周龄是种公鸡性机能旺盛期，精液质量最好；50周龄以后性机能减退，精液质量下降。因此，幼龄种公鸡和老龄种公鸡的精液质量都较差。

　　(3) 疾病因素　任何疾病都有可能引起生理机能失调，从而导致精子生成、生长过程受到阻碍，进而影响其质量，如沙门菌病、大肠杆菌病、马立克氏病等。

　　(4) 营养因素　饲料中热量不足、维生素及矿物质缺乏都会直接影响精液质量。特别是维生素和矿物质不足，如维生素A、维生素B、维生素D、维生素E、生物素、泛酸，以及锰、硒、锌等对精液质量影响更大。高钙日粮对种公鸡精液质量也有不良影响。

　　(5) 药物和毒素因素　用药不当，如磺胺类、呋喃唑酮、利血平等；饲料中某些毒素，如棉籽粕中的游离棉酚、菜籽粕中的芥子苷、霉变饲料中的霉菌毒素等会直接或间接影响精液质量。

　　(6) 环境因素　环境温度对种公鸡精液质量有很大影响。精子的适宜温度为20℃，此温度下能促进睾丸发育和精子形成，30℃对精子无不良影响，当环境温度达到38℃时对精子有暂时性抑制作用。精液在高温环境中保存会使精子代谢加快，从而导致精子活力下降，同时由于呼吸和糖酵解产生一些有害物质，从而使精液质量下降。因此，夏季精液质量会有所下降。

　　光照时间不足或亮度不够或变动频繁都不利于精子形成。空气中的有害气体浓度超标也会影响种公鸡精液质量。各种应激特别是采精过程中的应激使种公鸡受到惊吓或过度紧张，会出现暂时性采不出精或采精量减少现象。精液中混入杂质也会导致精液质量下降。

　　(7) 管理因素　管理不当会影响种公鸡精液质量。

　　(8) 种公鸡的体重下降，体况降低　种用期间，种公鸡体重下降超过200克就可导致精液质量严重下降。

　　(9) 解决精液品质差的措施

　　1）选择优秀的种公鸡：选择个体发育良好、冠和肉垂大而鲜红、骨骼紧实、肌肉发达、体重达标、性反射好、采精量多的优秀公鸡做种公鸡。

　　2）淘汰不符合要求的种公鸡：对精液质量差的老龄种公鸡及时淘汰，同时补充青年种公鸡，可将二者的精液混合使用。

3）饲喂全价配合饲料：特别是要及时补充维生素和矿物质，否则种公鸡受到的应激比母鸡大得多。防止公、母鸡同料；防止饲喂存放时间长或发霉饲料。对个别体质差的种公鸡要定期补充一些动物蛋白质，如熟鸡蛋等。

4）预防疾病发生：及时进行疫苗预防接种，选择合适药物进行预防投药。

5）加强管理：增强责任心，搞好环境卫生，减少舍内有害气体，减少应激，使种公鸡生活在一个温度为 10~28℃、湿度为 50%~60%、光照固定在 14~16 小时/天的安静环境中；采精人员要固定，技术要过关；每周采精 3~5 次，用具消毒、清洗彻底；单笼饲养，精液保存妥当。

3. 管理因素

1）管理不当，如多只种公鸡饲养在一个笼中；对种公鸡管理不周，缺粮断水，甚至虐待种公鸡，这些对种公鸡的精液质量都有影响。

2）种公鸡体重控制不当，种公鸡体重不能达到相应的开产体重，以及种用期间部分个体的体重不能达到目标体重，体重出现下降，任何时期的体重下降对受精率都会造成严重的影响。

3）母鸡过肥不仅影响到产蛋率，还对受精率造成影响。母鸡过肥，过多脂肪会沉积在输卵管内、影响正常分泌功能，并阻碍精子到达高位贮精腺。

4）采精技术不熟练，人员更换频繁，采精时过于用力，损伤公鸡生殖器官。

5）利用强度大，采精过于频繁，或是采精间隔时间过久等都会使种公鸡精液质量降低。利用时间过久，一些较差的种公鸡没有在产蛋中期被一部分新的种公鸡更换补充等。

6）输精器具清洗不干净，污染精液；采精过程中精液受粪尿、血液污染，或输精过程中因输精滴管擦拭不干净，造成试管中的精液被污染。

7）超时输精，每次采精过多，全部做完时间超过限定要求，后期精液质量降低，精液一般 10 分钟以内活力较好，以后活力开始下降。

8）输精剂量和深度不足，输精剂量达不到规定的 0.025~0.03 毫升，输精深度不足 2 厘米。每次输精的量最好不少于 1 亿个，输精深度控制在 2 厘米，过深、过浅都不好。

9）种公鸡精液品质长期缺乏检查，部分精液质量不合格的种公鸡继续使用。

4. 其他因素

1）营养：种公鸡日粮蛋白质水平控制在14%左右，可以保证公鸡良好的精液品质，蛋白质水平过高，可能造成睾丸萎缩，影响种公鸡健康，造成精液品质下降。

2）输精时间：实验证明在15：00以后开始输精比较好，过早还有较多鸡输卵管内有蛋。

3）母鸡的保定：保定母鸡和翻肛动作要熟练而轻稳，用力要均匀，防止用力过猛造成输卵管内鸡蛋或卵巢上卵泡破裂，引起输卵管炎或卵黄性腹膜炎。

4）翻肛注意事项：对鸡腹部施压时，一定要着力于腹下左侧；输精枪枪头前端不能留有空气。

5）产蛋时间：试验证明在5：00~11：00产的蛋的受精率要高于11：00~17：00产的蛋；5：00~8：00产的蛋的受精率最高，14：00~17：00产的蛋的受精率和孵化率最低。

6）蛋的位序的影响：1个连产期一般连产3~8个蛋，然后停1天到数天再进入下一个连产期，同一个连产期内，从第一个蛋开始排序，首位蛋蛋重显著大于次位蛋。首位蛋与次位蛋的受精率差异不显著，但首位蛋孵化期总胚胎成活率要低于次位蛋。首位蛋蛋色偏浅，孵化前7天绝对和相对失重均显著低于次位蛋。连产期短的母鸡所产种蛋受精率要较连产期长的母鸡所产种蛋的受精率低很多。

7）蛋色的影响：蛋色越深，受精率和孵化率越高。

8）周龄的影响：随周龄增加，连产期缩短、首位蛋比例增加；首位蛋在母鸡体内停留时间要较其后所产蛋的时间多16小时左右，卵泡熟化时间增加，可能导致卵泡生殖力变化。

第三节　提高产蛋期繁殖效益的主要途径

一、做好预产期母鸡管理

土鸡种鸡各品种的预产期周龄界定：17周龄到开产，顺季可以推迟1周。

1. 预产期生理特点

预产期时鸡体骨架已发育完成，但其他组织器官还不成熟。该阶段机体发育非常迅速，为开产到来做最后的准备。内脏器官、肌肉组织快速发育，如肝脏脂肪沉积量增加，体积明显变大；生殖系统快速发育，卵巢、输卵管体积、重量迅速增加，预产后期卵泡开始发育；腹腔内沉积必要的脂肪；肌肉组织进一步丰满。性特征进一步明显，如鸡冠、肉垂增大，更加红润；完成最后一次换羽，颈部性羽更加有光泽，逐步达到性成熟，鸡群兴奋度明显增强，鸡群比较吵。骨髓腔内钙沉积速度加快，沉积能力加强，为蛋壳形成做准备。耻骨开始变软，弹性增强，耻骨间距明显变大。体重迅速增加。对环境变化比较敏感，应激反应比较大。

2. 预产期培育目标

体重达到目标要求，鸡群发育良好。性成熟比较整齐，性成熟与体成熟一致。适时开产、开产体重达到品种标准要求。

3. 预产期管理要点

（1）**适时转群上笼**　土鸡各品种最适宜上产蛋笼时间在15~16周龄，最迟不能晚于17周龄。此时转群上笼的目的是适时降低饲养密度；进入17周龄以后，鸡体处于发育快速期，该阶段应避免转群等应激因素的影响；同时也为进一步调整鸡群留有充足时间。

转群的操作要求：①鸡群运输所用车辆、周转笼必须严格清洗消毒，运输车辆根据需要做好防雨、防暴晒措施，注意通风，途中不得停车，防止鸡被闷死。②转群的前后3天使用复合维生素或抗应激药物。转群安排在早上或晚上进行；将转群人员分成捉鸡、运鸡、放鸡3组，各组密切配合；转群过程要求轻拿轻放（抓鸡只能鸡脚），每笼数量要适度、定量，防止闷死鸡。③转群后认真检查水线乳头，防止出现缺水；上笼立即将各笼中的鸡数调均匀。④鸡群达到产蛋舍后要尽快喂料饮水；长途运输时，必须在转鸡前给鸡群适当补料。⑤鸡群育成期记录报表应要与鸡群一起转往产蛋场，其中包括疾病详情、体重、光照程序、光照强度、饲料用量、吃料时间、用药情况、免疫程序、转鸡数量、饮水量，以及其他有助于产蛋场生产管理的相关信息。

（2）**做好开产前的选种**　开产前进行最后一次选种，进一步提高开产鸡群质量。此次选种重点是将一些残次鸡、病鸡、发育迟缓的低产鸡，以及羽色、体形不能满足要求的个体再次淘汰，淘汰比例控制在2%~3%。

（3）及时调整限饲方案 进入预产期，限饲力度逐步降低。①放料速度加快，料量逐步增加，每周增加料量5~8克。②由前期的隔天、四三限饲等方式过渡到每天饲喂。③后备料逐步过渡到预产料。④对鸡群中各体形的日采食量进行重新调整，过渡到相同料量；或根据体形，大鸡采食最多料量，小鸡采食最少料量，各体形之间的日耗料差异在2~3克。⑤进入预产后期，临近开产时鸡群产蛋率达到3%~5%，必须过渡到种鸡料，最晚不能晚于达到10%产蛋率时，以满足鸡对钙等矿物元素的需要。

（4）充分保证预产期的周增重 在预产期，鸡体各方面发育最集中体现在体重的迅速增加，因此该阶段要保证鸡群充分发育，就要保证鸡群体重充分增长。根据品种要求，麻鸡类、黄鸡类周增重90~120克，竹丝鸡、土鸡类周增重60~80克，到开产时，其开产体重达到或接近品种要求。

（5）合理控制光照

1）顺季鸡群预产期光照控制：3~8月开产的鸡群属于顺季鸡群。对完全使用自然光照的鸡群，可以考虑在开产前推迟加光或不加光；对采用控光的鸡群，可以继续育成舍的控光方法，并根据原有计划在18~19周龄开始加光。这两种方法都要求鸡群在开产时每天光照时间达到13.5小时。

2）逆季鸡群预产期光照控制：9月~第二年2月开产的鸡群属于逆季鸡群。逆季鸡群完全可以采用自然光照，在19周龄开始进行人工加光。

对于预产期何时开始人工加光，以及每周达到多长光照时间，要根据鸡群的性成熟发育情况，以及何时达到适宜的体重来灵活处理，不能脱离实际情况，否则适得其反。

【提示】

土1、江西鸡等较早熟品种，在顺季期间，可以在开产前不加光，到鸡群开产时再开始正常的光照制度。

（6）性成熟度调控 对于鸡群的性成熟度要求有两点：一是整体均匀度与鸡群周龄相吻合，既不超前，也不推后；二是鸡群均匀度整齐一致。对于整体均匀度与鸡群周龄不相吻合的，则要对全群采取处理措施。对于整齐度不理想的鸡群，则对其中的部分整齐度不理想的群体采取处理措施，特别是对其中发育偏晚的部分，可以增加料量，提前单独加光，适当补充一些维生素等，促使其发育，跟上全群进度。

【提示】

注意对鸡群的调整要在17~18周龄完成，不能过晚。分群只能在各群内部调整，不能因分群而将鸡群原来的分类调乱，否则不利于产蛋期的管理。

（7）做好预产期保健，缓解各项应激影响 该阶段鸡群仍然面临较多应激因素影响，如免疫操作、转料、调群等，加之鸡群明显较以前更加兴奋，应激影响加大。此外，料量快速增加，鸡群肠道负担增大，一时不适应，易发生消化不良等疾病。因此，该阶段应合理安排工作，尽量减少应激，经常给鸡群补充一些抗应激的维生素等，缓解应激影响，如适当加拌一些帮助消化的中草药，调理鸡群的消化功能。

【小经验】

对部分白痢、大肠杆菌阳性率比较高的鸡群，可以使用一些比较敏感的抗生素1~2个疗程，开产前1周再连续肌内注射敏感抗生素2次，对控制疾病有很好的效果。

（8）鸡群的开产要求

1）适宜的开产体重：各品种都有自己合适的开产体重，鸡群开产时，务必尽量与其品种要求相接近，避免两种不利情况出现。①开产体重不足，鸡群达不到产蛋高峰，或虽然达到，但维持能力不强。②开产体重过大，鸡群沉积过多脂肪，容易偏肥并给以后的管理带来很大困难。

2）适宜的开产日龄：与开产体重一样，鸡群开产日龄各品种也相对稳定，要求达到5%~10%产蛋率的时间尽量接近品种要求。①开产过早，鸡群出现早产，产蛋率低，死淘比例加大，产蛋性能下降较快，蛋重不足，达不到入孵要求。②开产过晚，鸡群发育推迟或后备期控制过严，不利于鸡群产蛋性能发挥。

3）适宜的开产选留率：适宜的开产选留率可以提高鸡群的整体质量，对于提高鸡的体形、羽色、体重均匀度都有很好作用。

4）适宜的开产料量：开产料量反映前期加料是否恰当，也为开产后加料留足空间，一般开产料量为计划最高峰料量的80%~83%较为适宜。

二、做好产蛋前期管理

1. 产蛋前期鸡群生理特点

此阶段鸡群已经达到性成熟和体成熟，鸡群开产；产蛋率迅速增加，达到产蛋高峰，并维持高产蛋水平；食欲比较旺盛，采食量迅速增加，并维持高采食量水平；体重进一步增加，身体更加丰满。

2. 产蛋前期鸡群管理目标

体重增加达到目标体重；产蛋率达到品种要求，并维持良好；种蛋品质迅速提高，入孵率达到品种要求。

3. 产蛋前期管理要求

（1）光照控制 开产周（产蛋率达到5%）光照时间为13.5~14小时，每周增加20~30分钟，到16小时后恒定，40周龄以后可增加0.5小时，50周龄以后可再增加0.5小时，达17小时的光照时间。产蛋期光照必须稳定，严禁出现波动，杜绝减光。光照度：30~50勒，并且注意光照要均匀，每周检查1次定时器工作是否正常。

（2）料量调控 以开产料量为基础，每周加料1次，每次加料3~7克/只，产蛋率上升到65%~70%时加到高峰料量，高峰料量比最高峰料量少3~5克/只，当产蛋率达到预计高峰前5~8天时加到最高峰料量，料量的增加应先于产蛋率的增加。

加料的参考因素：产蛋率、周增重、蛋重、采食情况及父母代鸡饲养相关标准等。加料幅度与每天产蛋率上升的幅度成正比，周增重应平稳上升，每周蛋重逐步上升，入孵率也不断上升。要注意蛋中软壳蛋、双黄蛋的比例，比例大时及时查找原因。每天观察鸡群的采食情况，包括采食速度、采食时间，尤其在每次增加料量后要及时观察。此外，鸡舍内温度影响采食量，鸡舍的理想温度是15~25℃，如果超出理想温度范围，要适当调整料量来适应温度变化。

【小知识】

加料刺激产蛋：当产蛋率上升到一定幅度后不再上升，可以增加2~3克/只（冲刺料），来刺激产蛋率的增加（绝不能有剩料）。如果产蛋率继续上涨，即维持（具体时间视情况而定）；如果产蛋率在未来的1周内没上涨，需立刻将冲刺料减掉。

【注意】

产蛋高峰期的产蛋率虽有所下降，但母鸡自身生长、蛋重增加，因此料量减少幅度不宜过大，原则上维持恒定料量。

（3）**体重监控** 鸡群开产后，体重仍然保持较快增长，鸡体进一步发育成熟，周增重逐步降低，整个产蛋期体重呈缓慢上升趋势。每周必须抽查体重，做好体重监控，保证适宜的体重增长，达到相应的目标体重。应定位称重，个体数不低于50只。

（4）**蛋重监控** 从达到10%产蛋率开始每周抽称蛋重，抽测比例在10%以上，每周蛋重呈缓慢上升趋势。还要做蛋重变化曲线，根据实际蛋重与蛋重标准的差距来调整料量。如果蛋重增加趋势达不到标准要求，应增加料量；但产蛋率达到高峰时，还出现蛋重达不到标准的情况，不能再额外增加料量，否则体重有可能增加过快。

（5）**应激控制**

1）保证光照制度稳定，每天不能出现太大变化。

2）提供充足、卫生的饮水；饮水必须满足各项卫生指标，防止矿物质和细菌超标；饮水还应充足，产蛋期间不能长时间停水，有时可以停水1~2小时，超过3小时就会造成一定影响，停水达到1天以上，产蛋率可下降10%以上，往往要1个月才能恢复正常。特别是在夏季，供给清凉的饮水，可以收到很好的防暑效果。饮水卫生不容忽视，如果饮水卫生不符合要求，建议使用自来水，或对饮水进行净化、消毒处理，以及寻找新的水源，最好是无污染的深井水。同时，维持饮水管线的清洁非常重要，可定期使用酸化剂清洁饮水管线。

3）鸡舍通风、光照良好；环境温度比较适宜，环境卫生良好。

4）每天定时喂料，料量不能出现明显波动，特别是高峰料量务必保持稳定，波动不超过 2 克 / 只；每天的料量严格按照计划进行，不能任意增减，日采食量变化超过 5 克 / 只，会造成鸡群产蛋率波动。每天喂料时间要有规律，不能任意调整，必须定时给料，否则打乱鸡群已经建立的生活规律。为了刺激食欲或给料均匀、减少浪费，每天可以分 2 次给料，在下午给料更有利于饲料中钙的直接吸收利用。每天必须混匀饲料 4~5 次，使每只鸡都均匀地吃到规定的料量。防止出现因喂料不匀造成一些鸡多吃料，体重迅速增加，产蛋中后期出现过肥情况，或一些鸡因吃料不足，生产性能受到影响。

5）固定饲养员，避免外来人员和噪声的应激。

【提示】

产蛋前期是料量变化最快的时期，且每天耗料量较大，鸡群饮水量明显增加，因此应注意对肠炎和消化不良疾病的控制，做好保健。中草药结合抗生素控制肠道疾病，必须用对产蛋没有影响的药物。

三、做好产蛋后期管理

1. 产蛋后期鸡群生理特点

种母鸡身体已完全发育成熟，适应产蛋；体重缓慢上升；产蛋率逐步下降。

2. 产蛋后期管理目标

保持种母鸡高产持久性，产蛋率缓慢、稳定下降，最大限度地提高合格种蛋产量。

3. 产蛋后期管理要求

（1）**产蛋高峰后有计划地减料** 产蛋高峰后，周产蛋率较产蛋高峰下降 3%~4% 时，就要考虑开始减料。应采用逐步下调的方法，每周减料不能过多，控制在 3 克 / 只以内，一般是 1~2 克 / 只，减料多少取决于鸡群体重变化和环境温度等。但产蛋高峰后到淘汰期间，最低料量不能低于开产料量。

1）减料的依据：①产蛋率的升降：产蛋率以每周降 1% 的速度开始

正常下降，适当减料。②蛋重：始终呈增长状态，由产蛋高峰期的每周增加 0.5~1g 渐渐降为增加 0.1~0.5 克。③周增重：正常鸡群过了产蛋高峰之后，周增重按品种体形大小在 5~20 克（偶尔也会出现维持或负增重，但不能出现连续 2 周体重下降的情况）。④吃料时间的长短：鸡群过了产蛋高峰之后，吃料会变得缓慢，减料的结果要求为基本在同一时间吃完当天的饲料。⑤入孵率：入孵率在产蛋前期是持续升高的，中后期基本维持，后期略为下降。

　　2）减料的操作方法：①周龄：鸡群 30 周龄前一般不减料（疾病感染期除外）。②高峰产蛋率维持时间：小体形品种一般在高峰产蛋率维持 2~3 周后减料，即在 30 周龄左右开始减料；大体形品种通常 32 周龄过后再考虑减料，产蛋率比较高的鸡群高峰料维持 4 周后再进行第一次减料。但是也要根据日常饲养管理，如果鸡群一切正常的情况下料也吃不完，那就要开始减料了。③减料原则：先快后慢；减料总量约为高峰料量的 10%~17%。一般高峰料量喂 2~4 周后开始减料，前 2~4 周可以每周减 2 克，以后每周减 1 克。根据季节不同，如果在夏天上的产蛋高峰，料量可以减得快一点，一般每周减 2 克；冬天上的产蛋高峰，料量可以多维持 2 周，减料慢一点，每周减 1 克；进入秋冬季节，要适当提高维持料量，特别是第一次大降温，如果鸡舍没有采取加温设施，要多加入 2~5 克御寒料（如果此时正使用高峰料或料量偏高时可以不加），以减少冷应激。④体况：每 1~2 周到鸡舍摸鸡、翻肛 1 次，查看鸡群脂肪沉积情况，然后结合周增重、产蛋率、蛋重，把握减料的尺度。⑤产蛋高峰后有计划地将料量减到维持料量，维持料量占高峰料量的 83%~90%，如在 4~5 月达到产蛋高峰的鸡群，在进入冬季前要适当地提高维持料量。⑥判断减料是否合理：减料 3~4 天后，产蛋率正常下降（1%/周），证明减料成功。如果减料后产蛋率下降太多，排除其他原因导致的产蛋率下降后即可恢复到减料前的料量。

　　3）减料的注意事项：①减料过程中注意观察种蛋的变化。减料过快会造成种蛋的颜色变浅或次蛋增多，甚至蛋重停止增加或增幅下降，影响种蛋的质量。②只有在确定前期没有及时减料导致鸡群整体偏胖的情况下，每周减料可达到 3 克以上，尽量每周减料不要超过 5 克。③当鸡群发生疾病时不宜减料（除非吃不完）。

（2）鸡群体重保持缓慢稳定的增长　产蛋高峰后，鸡群体重变化已经很缓慢，但必须保证鸡群体重缓慢稳定上升。周增重控制在10~20克，不能出现下降情况，否则影响产蛋后期的产蛋率和种蛋质量，不同品种要求不同。为此，体重监控将持续到鸡群淘汰，产蛋高峰后鸡群的体重抽称为2周1次。抽称要有代表性，能真实、准确地反映出鸡群的体重状况，抽称最好采用定笼方式，比例在2%~3%。

（3）保证每天喂料的准确性和均匀性　每天的喂料量严格按照计划进行，不能任意增减，日采食量变化超过5克/只，会造成鸡群产蛋率波动。每天喂料时间要有规律性，不能任意调整，必须定时给料，否则会打乱鸡群已经建立的生活规律，每天可以分2次给料。每天必须混匀饲料4~5次，使每只鸡都均匀地吃到规定的料量，不能出现因喂料不匀造成一些鸡多吃料，体重迅速增加，产蛋中后期出现过肥情况，或一些鸡因吃料不足，生产性能受到影响。

（4）保证饮水充足卫生　饮水必须满足各项卫生指标，防止矿物质和细菌超标；饮水充足，产蛋期间不能长时间停水，有时可以停水2~3小时，超过5小时就会造成一定影响，停水达到1天以上，产蛋率可下降10%以上，往往要1个月才能恢复正常，特别是在夏季，供给清凉的饮水，可以收到很好的防暑效果。饮水卫生不容忽视，建议使用自来水。定期使用酸化剂清洁饮水管线。

（5）种蛋收集和选择　每天收集种蛋5~6次，有利于减少种蛋的破损和污染。将收集的种蛋分类放好，挑出不合格次蛋，将脏蛋处理干净，否则会污染其他种蛋。种蛋收集好后，应于当天送到指定地方保存，不能在鸡舍内放置过夜，否则有可能影响孵化效果。种蛋应摆放整齐，特别是次蛋，便于准确统计。

（6）做好环境卫生和种鸡保健　产蛋中后期，多发生肠道疾病、呼吸道疾病等，而这些疾病多与饲养环境有关，当饲养环境卫生条件较差或通风不良时，易诱发疾病。因此，要求鸡舍内通风状况良好，坚持定期搞清洁卫生，保持鸡舍内整洁，并定期组织检查评比。

在做好环境卫生同时，应有必要的种鸡保健维持种鸡健康。在疾病多发时期或应激条件下，有针对性地投喂一些抗生素作为预防。当鸡群出现疾病症状时，组织力量诊断并及时正确治疗，帮助鸡群恢复健康。

【注意】

　　详细、准确地记录各项生产数据，为管理提供全面、准确的信息。

四、做好产蛋异常原因分析

1. 产蛋高峰上不去，达不到品种要求

产蛋前期产蛋率达不到理想高峰，这与后备鸡群的培育质量不高有很大关系。主要原因有：

（1）**均匀度差**　包括体形、体重、性成熟均匀度。鸡群中体形过大、过小鸡的生产性能比较低下，它们所占比例较大时，会影响整体生产水平；体重均匀度间接反映鸡群的体形发育整齐度；性成熟发育不一致，鸡群中个体开产时间差异大，开产时间比较长，另外不能适时开产的鸡生产性能通常较低，如提前开产或过多推迟开产的个体。以上这些因素都可以造成鸡群产蛋高峰达不到理想水平。

（2）**预产期发育不足**　多见于顺季开产鸡群。通常为控制鸡群早产，预产期仍采用较严格的限制方法，鸡群发育不充足，进而降低鸡群质量。

（3）**体成熟与性成熟不一致**　往往是性成熟早于体成熟。造成原因多是光照控制不好，导致早产，一般顺季鸡群多发，早产鸡群产蛋率通常达不到品种要求。

（4）**疾病因素**　危害比较大的有传染性支气管炎、马立克氏病、白血病等。鸡群早期感染传染性支气管炎，母鸡生殖系统受到破坏，发育不良，有的表现出输卵管囊肿，到开产时也不能正常发育，这些鸡到开产 6 周以后也不能产蛋。

（5）**环境应激**　热应激易造成产蛋高峰时产蛋率上不去。因为其影响鸡的食欲，造成采食量下降，满足不了鸡正常生长、生产的营养需要。

2. 产蛋高峰较高，但维持时间短，下降较快

（1）**开产体重不足**　开产体重不足可能引起食欲减退，鸡群产蛋期各种营养物质摄入不足。在实际生产中，通常表现为高峰料量使用不久，鸡群就出现吃不完料的情况，这种情况出现通常会导致产蛋率下降 5%～7%，特别是体重低、采食量小的品种表现更突出。

(2) 体储备不足 如果夏季开产鸡群预产期限饲过严,开产时体储备不足,开产后鸡群处于严重热应激环境下,食欲下降,鸡群动用完其仅有的一点体储备后,采食的营养物质又不能满足鸡群生产需要时,就会出现产蛋高峰期缩短并在短时间内下降 5%~8%。

(3) 管理因素 产蛋高峰期管理不当,如出现停水超过 1 天以上,晚上突然停止光照等,可造成产蛋高峰突然下降,并难以恢复到以前的水平。

3. 产蛋中期产蛋率迅速下降

鸡群产蛋前期表现良好,进入产蛋中期才出现问题,则这种情况与育成期管理关系不大。出现这个问题主要有 3 个方面因素。

(1) 体重调控不当 鸡群出现较严重的负增重,体重明显下降,鸡群身体素质降低;或体重增重过快,鸡群过肥;前者顺季开产鸡群多见,后者秋冬季节开产鸡群多见。

(2) 疾病因素 产蛋中期鸡群的抗体下降到较低水平,如果此时遇见环境温度变化较大,加之鸡群此时刚经历完一个产蛋高峰,比较疲惫,容易受到病原微生物的侵袭,发生疾病。

(3) 其他因素 例如,严重的应激影响,饲料质量不稳定,疫苗补免应激过大,保温不足,停产、休产鸡明显增加。

4. 产蛋后期产蛋率维持在低水平

(1) 疾病因素 产蛋中期发生一些可以损害生殖系统的疾病,如新城疫、大肠杆菌病等,则很多鸡难以恢复,通常表现为卵黄性腹膜炎,这些鸡很少产蛋,腹腔内积有大量卵黄。

(2) 鸡群过肥 鸡群普遍偏肥,鸡群产蛋性能下降,表现为产蛋率维持在低水平。

(3) 休产、停产鸡多 饲养环境不良,如通风、卫生等,鸡群中休产、停产、抱窝鸡明显增多,也使鸡群产蛋率比较低。

五、做好产蛋期热应激预防

1. 发病特点

产蛋期间极易发生死亡,气温越高死亡率越大,死亡多在午后或傍晚发生。

(1) 临床症状 鸡群采食量明显下降,饮水量大增,粪便变稀,张口呼吸，呼吸节律加快，鸡冠发绀，体温升高，两翼下垂，薄壳蛋增多，蛋白稀薄，产蛋率下降。部分产蛋鸡发生腿麻痹，不能站立，严重者死亡。

（2）**病理变化** 肺水肿，充血或出血，切面流出多量泡沫性白色或粉色液体，气管内有多量稀薄黏液；心肌松软，心室扩张，心冠脂肪点状出血；脑膜充血或点状出血；肝脏肿大，呈土黄色，肝包膜下常有出血点或血泡；卵泡弥漫性瘀血或出血，子宫内常见未产出的蛋滞留。

2. 发病机理

（1）**血压下降** 环境温度达到30℃以上，鸡体温随着环境温度的升高而升高，心跳加快，血压下降。血压下降是导致鸡死亡的重要原因。

（2）**呼吸性碱中毒** 气温升高时，母鸡呼吸加快，它们以蒸发水气方式加速体温散失，造成血液中碳酸氢根离子大量减少，因而降低了血液对蛋壳形成过程中所产生氢离子的缓冲作用，造成鸡体碱中毒，薄壳蛋和软壳蛋增加。

（3）**内环境紊乱** 由于体温持续过高，内环境pH下降，导致组织代谢与衰竭加快，血钠、血钾比例失衡，血葡萄糖、血浆蛋白浓度降低，导致饲料转化率降低，产蛋率下降，鸡体消瘦。

（4）**激素调节紊乱** 肾上腺皮质激素在热应激初期增加，但随着时间延长，逐步降低，甲状腺激素分泌减少，活性降低，鸡体代谢降低，生长速度下降，产蛋鸡血浆雌激素和孕激素处于低水平，以至性成熟延迟，开产时间滞后，产蛋率降低。

3. 防治措施

（1）**科学饲养管理** 合理布局风扇，加强通风换气，保证舍内通风良好，增加鸡体散热。屋檐超出鸡舍墙体1米，防止鸡群直接受到阳光照射。调整饲喂时间，增加饲喂次数，提高鸡群采食量。在早晚天气凉爽的时候增加喂料量。供应充足、清凉的饮水，最好使用合格的深井水。采用纵向通风加湿帘的方式降低鸡舍内环境温度。

（2）**饲料营养调控** ①降低饲料中过量的蛋白质，保证各种必需氨基酸的需要量，蛋白质在体内分解将产生大量热能，增加机体产热，可以使用部分合成氨基酸代替蛋白质的使用。②提高能量水平，使用部分油脂代替碳水化合物，补充油脂或使用油脂代替玉米提高饲料能量水平，脂肪用量可达 2%~4%。③提高饲料中的矿物质和维生素预混料的使用量，保证各种常量和微量元素的采食量。

(3) **药物预防**　补充水溶性维生素、矿物质和有效磷，缓解高温时饮水增加而导致的体内矿物质过度流失。每千克日粮中添加 200 毫克维生素 E，可有效调节皮质酮和甲状腺激素水平，进而调节机体内环境的平衡。每千克饲料中添加 100~200 毫克维生素 C，或在饮水中添加 0.1% 维生素 C，不仅可以提高鸡群产蛋率，而且还能提高鸡群抵抗力。每千克饲料中添加 100 毫克杆菌肽锌可以降低高温条件下病原微生物对机体的危害，降低死亡率，也可以使用抗生素控制疾病发生。

(4) **补充电解质**　饲料中添加 0.1~0.5% 碳酸氢钠，可以提高产蛋率和减少薄壳蛋出现。在饮水中添加电解质和多种维生素，能有效提高产蛋率和减少死亡率。

六、做好种鸡淘汰管理

1. 鸡群淘汰时间

一般土鸡淘汰时间为 55 周龄左右，因品种不同而有差异。但具体淘汰时间要根养殖户的生产计划、市场效益情况而定。对于需要延迟淘汰的鸡群，要及时做好疾病预防工作。对于生产指标很差鸡群（连续 2 周产蛋率低于 36%，且受精率低于 90%，或死亡率高）可以提前淘汰，以免影响其他鸡群。

2. 鸡群淘汰具体操作

1）客户车辆、装鸡鸡笼必须在场外冲洗干净，并用高效消毒药消毒，方能进入鸡场销售平台（装鸡平台），客户车辆禁止进入生产区装鸡，必须用场内周转笼运到生产区外销售平台再过到客户的鸡笼，且周转笼一旦出生区后必须经浸泡消毒后方能转回生产区。

2）淘汰销售鸡群人员分成 3 组：抓鸡组负责在鸡舍内抓鸡装入周转笼，周转组负责将鸡从生产区运到销售平台，装车组负责过笼装车。人员要尽量避免交叉，销售完后，装车组和周转组必须洗澡更换衣服方可回生产区。

3. 休产、抱窝鸡管理要求

1）观念必须正确，土鸡类的抱窝也就是就巢性普遍存在，关键是要及时处理,要不断捉出来,要求每天在人工授精时及时捉出休产鸡、抱窝鸡。

2)平时巡查鸡群时发现休产、抱窝鸡,及时捉出。

3)操作上,将鸡只放到通风光照充足的地方,每笼放 4~5 只鸡,通过环境刺激加快其醒抱速度。

七、做好种鸡喂料把控

1. 人工喂料要求

先称好 1 斗饲料有多重,用红漆在料斗上划好线,注意同一料斗不同品种的饲料重量也不同,每斗饲料都装至红漆线的水平线以上。

按技术员定出的料量喂料(以周报表填写的料量为准),每斗料喂完后,必须要匀料返回,使每笼鸡的饲料均匀,这在育成期喂料时尤其重要。

正常情况下,喂料前要先检查饮水管是否有水才可喂料,防止人为造成的断水,产蛋鸡断水后对生产成绩影响很大。

2. 人工喂料程序

用右手抓紧料斗的进料口端,同时用左手撑堵住出料口,铲起饲料装进料斗里。

将装好饲料的料斗移到鸡笼的料槽上,出料口向下,放开左手,向前走动,一边使料斗向前移动,一边让饲料流至料槽中。

【注意】

料斗中饲料流至料槽时走动不能过快或过慢。若过快,料槽中的饲料太薄;若过慢,料槽中的饲料太厚,从而导致喂料不均匀。另外,料斗出料口放下至料槽的 1/3 深处,不能过深或过浅,放得过深会导致料斗不出料,过浅则容易使料斗脱离料槽。

3. 匀料要求

将手掌稍弯曲,张开手指,使手能入进料槽中,并插入饲料中。缓缓走动,使手能够拨动饲料。必须将料槽中饲料较多地方的饲料拨到饲料少的地方,使各料槽中的饲料均匀分布。由于喂料不是绝对的均匀及鸡有贪新鲜的特点,喂料后,每天匀料不少于 4 次(上、下午各 2 次)。

【小知识】

药物拌料饮水方法。①拌料方法：把鸡群当天的饲料倒在干净的地面上，把所要添加的药物投在20千克饲料中（作为药饵），反复拌均匀，然后将已拌好的药饵（料）均匀投放在已铺在地面上的饲料中，把这些饲料拌匀3次以上，拌药的饲料要及时使用，不能隔餐。②饮水投药：饮水投药前将大、小水箱和水管冲洗干净。投药前要停水，一般夏季停水1小时，冬季停水2小时，投药前将大水桶加至需用的水量，把小水箱和水管里的水放掉，关好水闸。再把要添加的药物充分溶解于2.5千克水中，再把溶解了药物的水倒到大水桶中，充分搅拌均匀，打开水闸，让大水桶的水流到小水箱中，要注意检查每个小水箱、每根水管、每个饮水乳头是否有水，以免鸡缺水。

八、做好产蛋期每天工作流程

产蛋期每天工作流程见表8-1。

表8-1 产蛋期每天工作流程

时间	工作内容
5：00~5：10	检查鸡群（温度和湿度、通风、料水、精神、粪便等），捡出死鸡
5：10~6：00	换门前消毒池消毒水、通风、加料、加水
7：00~8：30	清粪、匀料、称料、打扫卫生、洒水扫地
8：30~10：00	第二次匀料、第一次捡蛋和挑蛋、水线清洗
10：00~10：30	带鸡消毒、第三次匀料、第二次捡蛋和挑蛋
10：30~11：00	打水、鸡舍检查、送蛋
14：00~14：30	打水、鸡群观察、第四次匀料、第三次捡蛋和挑蛋
14：30~17：00	人工授精
17：00~17：30	第四次捡蛋和挑蛋、清洗输精器械、打水、检查控制器、写报表、送报表、送蛋、关好门窗、下班

第四节 提高种蛋品质的主要途径

一、做好异常蛋的原因分析

（1）**无壳蛋** 无壳蛋是只有蛋黄蛋白，没有蛋壳形成的鸡蛋。产生原因：日粮中钙量长期不足，并使骨骼中的血钙不能再被调用时，直接造成无壳蛋发生；蛋鸡感染大肠杆菌病、沙门菌病，病原菌在消化道内大量繁殖，使肠道吸收功能下降，导致钙量吸收严重不足；蛋壳腺细胞遭到病毒破坏发生变形，使蛋壳形成严重障碍；鸡体不能有效利用钙盐，如产蛋鸡内服金霉素等药物后与血钙结合，形成难溶性钙盐排出体外，从根本上影响蛋壳形成；蛋在输卵管子宫部停留时间不足，如产蛋鸡因急性应激反应，使上个蛋在子宫部停留时间过长，额外沉积不需要的钙，从而导致本个蛋不能及时进入子宫部形成蛋壳。

（2）**薄壳蛋** 薄壳蛋的蛋是厚度较正常蛋壳薄。产生原因：日粮中钙量不足；钙磷比例失调；环境急性应激及疾病因素导致蛋壳腺碳酸钙沉积功能受到影响；锰缺乏或过量（锰在合成蛋白质-黏多糖过程中起着重要作用），可以间接造成薄壳蛋形成，同时锰缺乏还会降低蛋壳强度，使蛋壳易破。

（3）**软壳蛋** 软壳蛋是蛋壳初步形成的蛋。产生原因：一般薄壳蛋产生的因素都有可能导致软壳蛋出现。种鸡饲料中缺锌也是造成软壳蛋比例较大的重要因素。

（4）**砂壳蛋** 砂壳蛋指子宫分泌的钙质未得到酸化而以颗粒状沉积于蛋表面的蛋。产生原因：种鸡饲料缺锌使碳酸酐酶活性降低，导致蛋壳钙沉积不匀、不全；钙过量而磷不足时，蛋壳上发生白垩状物沉积，使蛋壳两端粗糙如砂；输卵管感染病毒，破坏子宫上皮细胞，导致砂壳蛋出现；蛋鸡受到急性应激使蛋在子宫滞留时间太长，而额外沉积了多余的"溅钙"。

（5）**皱纹蛋** 皱纹蛋是蛋壳有皱褶的畸形蛋。产生原因：种鸡饲料中缺铜，使蛋壳缺乏完整性、均匀性，在钙化过程中导致蛋壳起皱褶。

（6）**白壳蛋** 白壳蛋指褐壳蛋颜色较正常蛋壳颜色变浅或呈苍白色。产生原因：产蛋种鸡感染病毒或受营养、环境应激后使蛋壳腺分泌色素

卵嘌呤的功能受到影响。

（7）双黄蛋　双黄蛋的产生原因：蛋鸡育成期营养不调或管理不善，使生殖器官发育不够均衡；部分鸡产蛋早期卵巢发育旺盛，同时有2个卵泡成熟并排出。

（8）小黄蛋　小黄蛋指蛋黄体较正常蛋黄小的鸡蛋。产生原因：饲料中黄曲霉毒素超标，影响肝脏对蛋黄前体物的转运和阻滞卵泡成熟。

（9）血斑蛋　血斑常出现于蛋黄，是排卵时卵巢破裂，血块随卵子下行被蛋白包围所致。其产生原因：日粮中维生素K不足或苄丙酮豆素、双香豆素等维生素K类似物过量而使血凝机制正常作用受到影响，导致卵泡脱落后不能迅速凝血。

（10）肉斑蛋　在蛋形成过程中，蛋白中混入了少量的输卵管脱落黏膜会形成肉斑蛋。其产生原因：输卵管深部感染发炎。

（11）裂纹蛋　裂纹蛋指蛋壳最外层胶护膜形成完整，而骨质层表面可见明显裂纹，蛋液不能外漏渗出的鸡蛋。其产生原因是蛋壳形成过程中有效磷缺乏，或是钙等其他矿物元素过量，而影响到磷的吸收利用，以至蛋壳韧性变差，脆性较大，抗破裂强度降低，在蛋壳胶护膜形成前种鸡受到外界一定程度挤压、碰撞或是子宫应激收缩振荡，而使蛋壳出现裂缝。

（12）阴阳蛋　阴阳蛋的表面粗糙，存积了过多的钙质。产生阴阳蛋的原因在学术界尚无定论，根据统计和调查，对阴阳蛋目前有三种认识：阴阳蛋在麻鸡和细优（202）上相对较多，其他品种相对较少，说明阴阳蛋与种鸡品种关系很大。阴阳蛋在应激状态（特别是热应激）下有增多趋势，而且主要在晚上产出。阴阳蛋在产蛋高峰和产蛋高峰过后一段时间内最多，细优可达5%~6%，在产蛋20周左右又下降到2%~3%，这说明也不能全部排除在产蛋高峰期某种营养需要得不到满足的可能性。

二、做好种蛋的选择

1）饲养员捡种蛋时必须使用蛋托装蛋；摆蛋时，大头一定要朝上，小头朝下，但破蛋应破损面朝上；上午和下午各至少捡种蛋2次，种蛋及时捡出是减少种蛋破损和污染最有效办法；捡蛋时要轻拿轻放，避免因操作不当造成种蛋破损。

2）不合格种蛋：阴阳蛋、软壳蛋、白壳且混有砂壳的蛋、脏蛋、双黄蛋、形状明显不规则的畸形蛋、有裂缝的蛋（破蛋）、钢皮蛋、薄壳蛋、厚薄不匀的皱纹蛋、明显白壳蛋、蛋重远小于该品种最低重量标准的种蛋。

3）合格种蛋：蛋壳清洁、蛋壳质量良好；无砂壳、无裂纹；蛋重大于该品种最低重量标准的种蛋；无明显畸形、蛋形为卵圆形、蛋壳颜色符合品种特征的种蛋。对于色泽较好，蛋形大小合格，有轻微砂壳或白壳出现的蛋一律留作种蛋。

4）初生蛋：蛋重要求为22~37克；外观要求无沙壳，无破损，无阴阳蛋，无畸形，无脏物附着；新鲜未受精。

5）不入孵蛋：受精转鲜蛋或已授精未入孵的合格种蛋、双黄蛋。

6）各品种蛋重参考标准：见表8-2。

表8-2　各品种蛋重参考标准

品种	蛋重/克	品种	蛋重/克
矮脚黄类	≥42	凤须土鸡类	≥35
麻黄鸡类	≥42	广西三黄鸡土1	≥33
清远麻鸡类	≥35	黑瑶鸡	≥35

7）种蛋挑选完毕，每托种蛋上用铅笔注明品种、舍号、产蛋日期，整理好蛋托卡脚。

8）产蛋舍上、下午收捡蛋后，应及时将合格种蛋、畸形蛋分开摆放；脏蛋、血蛋及时擦干净，每框种蛋上要写明舍号、时间、品种（每托蛋要标上品种），如实做好日报表数据记录，当天的蛋分上、下午送到蛋库（夏季每天17：40送一次即可），蛋库每天要做好熏蒸消毒。

9）在日报表上应注明：初生蛋、不入孵蛋、入孵蛋（种蛋）、畸形蛋、破蛋；并将它们分别存放到蛋库的相应位置。

三、做好种蛋的储存

种蛋不放在鸡舍过夜，当天送种蛋库或孵化厂。鲜蛋码蛋时每摞底下放一个空蛋托，有蛋的蛋托最多摞12个。

储存种蛋的条件：温度为15~21℃，湿度为60%~80%。

将种蛋储存于专用蛋库，蛋库保持整洁、干净，实行"6S"管理；空调吹风口向上或使用帆布遮挡。夏季要远离湿帘放置。种鸡场蛋储存时间不超过 3 天。每天早、中、晚 3 次检查蛋库情况，做好温度和湿度记录。

四、做好种蛋的消毒

（1）**准备工作** 准备好工具，如电磁炉、电磁炉用锅；测量好熏蒸房的体积；计算好消毒剂用量（每立方米 28 毫升）并将用法用量张贴在墙上；将电磁炉放在固定的位置。

（2）**操作步骤** 将待熏蒸种蛋推入熏蒸房（种蛋表面必须干燥；若表面带有水汽，需等水汽干燥后才能消毒）。按照剂量准备好甲醛（36%～40%）放入锅内。打开电磁炉开关，设定时间为 30 分钟。消毒完毕后关闭电磁炉电源开关，开启排风扇排气。

五、做好种蛋的运输

种蛋运输车辆要求为密封性能完好的厢式货车或帆布密封框架式货车。运输时间：夏秋高温季节为 5:00~9:00、17:00~21:00），冬春低温季节为 10:00~16:00，其他季节时间段不限。选择平整的路面，速度不得超过 60 千米/小时，运输时做好防震工作。种蛋装车前至少清洗消毒车厢 1 次（种鸡场门卫负责）。种蛋上下车时间应控制在 20~30 分钟。综合场小蛋车运输要求：每天送蛋 2 次（上、下午各 1 次）。运输期间做好防雨、防晒措施。

第九章
搞好疾病防治,向健康要效益

第一节 疾病防治中的误区

一、卫生消毒存在的误区

1. 消毒意识误区

(1) 不发病不消毒,认为消毒就不会发病 传染病发生的基本条件:传染源、传播途径和易感动物。在土鸡养殖中,有时本场鸡群并没有看到疫病发生,但外界环境已存在传染源,传染源会排出病原体。病原体就会通过空气、运输车辆、饮水等传播途径,入侵临近养殖场,如果此时仍没有及时采取严密有效的消毒措施来净化环境,环境中的病原体越积越多,达到一定程度时,就会引起疫病蔓延流行,造成严重的经济损失。

另外,本场虽然执行消毒措施,但并不一定就能收到彻底杀灭病原体的效果,保证鸡群健康。消毒剂种类、消毒方式、消毒时间等因素都影响着消毒质量。况且许多病原体都可以通过空气、野鸟、老鼠等多种传播媒介进行传播,即使采取消毒措施,也不能百分百切断传播途径。

(2) 认为接种疫苗后不用消毒 商品化疫苗中,禽流感、新城疫、传染性法氏囊病、传染性喉气管炎等病毒性烈性传染病都有相应的成熟疫苗,鸡群接种后能够取得很好的保护效果。但在环境中还存在大量的大肠杆菌、沙门菌、球虫、支原体等致病病原体,当养殖过程中缺失了消毒环节,未免疫的病原将大量繁殖并侵害鸡,导致鸡群发病,甚至因鸡群处于亚健康状态,抵抗力低,而导致无法抵御禽流感等烈性传染病的侵害。

2. 消毒剂使用误区

(1) 药物选择不当 目前市场上常见的消毒剂有主要有酸、碱、醇、醛、碘、氯和季铵盐等类。长期单一使用同一种类的消毒剂,会使细菌、病毒等产生抗性，导致消毒效果达不到预期。另外，生产厂家将生产的消毒剂冠以各种商品名称，甚至夸大消毒功效，借以提高消毒剂价格。因此养殖户应选购大厂家的产品而不是简单地选择高价格产品。

调换消毒剂要根据消毒场合、目的、疫病种类、动物种类、使用方法及季节而定，即要考虑对病原微生物的杀灭作用，又要考虑对人畜无害、副作用小，同时还要考虑对芽孢、真菌等病原的杀灭有协同作用。例如，氯制剂中的二氯海因、碘制剂中的保洁碘等产品，在高温条件下有效成分会发生分解，消毒力下降，需要避免在夏季中午高温时使用。

(2) 药物使用不当

1）配制不当。消毒剂的配制应该要根据因其规格、剂型、含量不同，严格按说明书要求配制实际所需的浓度。一些养殖场错误认为消毒剂的浓度越大，效果就越好。而实际上消毒剂的浓度是根据其性质和消毒对象来确定的。盲目加大浓度，一方面会增加药费、加大养殖成本，另一方面还会增加药物残留，对鸡产生毒副作用。还要注意有些消毒剂要现配现用，配好的消毒液不宜久贮；有些消毒药液可一次配制，多次使用。

很多养殖场为了达到广谱、彻底的消毒目的，同时配伍使用 2 种或 2 种以上的消毒剂。但如果不了解消毒剂的有效成分，出现酸碱混用，产生中和反应，反而会降低效果。另外，在短时间内一前一后使用酸碱 2 种消毒剂，也会影响消毒效果。

2）消毒方法不当。部分养殖场在空栏期只是简单清扫鸡粪、垫料，然后就开始消毒，这种方法并不能达到消毒的预期目标。正确的做法是空栏清扫后，用高压水枪冲洗圈舍的墙壁、地面、屋顶和不能移出的设备用具等，等彻底干燥后再消毒。使用消毒剂时，要选择适宜的消毒方法，根据不同的消毒环境、消毒对象和被消毒物的种类等具体情况，选择高效可行的消毒方法，如喷雾、浸泡、熏蒸、冲洗等。

3. 消毒范围不当

很多小型养殖场没有门卫制度，养殖场并未设有有效与外环境隔离的大门，或者没有消毒池，有的有消毒池但也形同虚设，对进出的运输车辆、人员没有形成有效的消毒，病原侵入场内的概率极高，出入栏舍也没有消毒间。

舍内可以做到定期消毒，但舍外环境一般长期不清扫、不消毒。其实鸡舍的周围环境消毒至关重要，恶劣的外环境病菌滋生的风险大大提高,直接威胁鸡的健康,而且影响公共安全。周围环境包括鸡舍四周、粪便场、道路、饲养人员等都要进行消毒。

二、免疫接种存在的误区

1. 免疫程序不当

不同饲养品种的免疫日龄、抵抗力等有特异性差异,免疫程序也有区别,部分养殖户简单地免疫1次鸡瘟、禽流感就不再免疫,容易造成后期鸡群抵抗力不足而出现发病风险。

同时,应根据当地的疫病流行情况有针对性地制定免疫程序,不能简单地只免疫禽流感、新城疫等几个烈性传染病,也不能盲目地增加免疫病种,造成免疫负担过重,导致养殖成本高、劳动强度大、鸡群生长受阻等。另外,免疫程序也不能一成不变,要根据当地流行病情况适时调整。

在土鸡养殖中,常用的禽流感疫苗只有灭活苗,但新城疫有活苗、灭活苗等,免疫程序的制订需要合适搭配各种疫苗。

2. 疫苗选用不当

在大环境中,病原变异是频繁的,区域性流行差异是不同的。为了降低成本使用没有生产批文的疫苗,可能会出现疫苗质量差而免疫后保护力差,甚至起到副作用,引起鸡群发病。不能准确认识当地流行病情况,选用毒株不对型、毒力不适合的疫苗,也不能达到免疫保护的预期目标。

3. 疫苗使用不当

(1) **方法不当** 在疫苗使用过程中,灭活疫苗通常采用肌肉、皮下注射的方式,活疫苗采用注射、滴口、点眼、饮水等方式,不同疾病免疫特异部位会有所差异,错误的免疫方式并不能起到有效的免疫效果。

(2) **剂量不当** 疫苗的用量不能随便减少或增加,剂量太低时,机体不能产生足够的保护力;剂量过大时,可能产生免疫麻痹或较大的不良反应,盲目加大剂量是没有必要的。

(3) **疫苗混合使用不当** 多种活苗或者灭活苗随意混合使用,不同病种的免疫干扰、混合比例不当等因素,都影响免疫效果,达不到预期效果。

三、药物使用存在的误区

1. 药物选择不当

(1) **盲目推崇进口药品** 养殖场为了降低生产成本,盲目选用一些价格低的产品，往往产品质量无法保障，有效成分不足、批次间稳定性差等，投药效果不理想，拖延治疗时间。而部分养殖场为了取得更好的治疗效果，一味地追求进口药品，造成养殖成本高。所谓药品的疗效好坏，与药物成分、生产工艺有关，还与使用时间、方法、疗程等有关。临床证明，国内许多兽药生产企业生产的药品，其疗效不亚于进口药品，有的还比进口药品好。

（2）**凭感觉用药**　大多数养殖户和相当一部分基层兽医对兽药药理、动物病理及病原微生物特征，不甚明了或全然不知，不了解药物都有一定的适应性，常常凭自己的习惯和经验用药。具体表现在用抗菌药治疗病毒性疾病，用抗阳性菌的药物治疗阴性菌引起的疾病。抗生素不能包治百病，滥用抗生素会造成耐药株的增加，挑选不到敏感的药物，给治疗带来困难，还容易造成二重感染，并且污染环境。

2. 给药方法不当

（1）**投药方式不对**　从投药方式来说，混饮或拌料是最常用、最习惯的给药方法，应根据药物使用说明选择投药方法，不能无论什么药物，一律饮水或拌料给药。另外，还要根据药物和疾病的严重程度不同，考虑喷雾给药和肌内注射给药。

（2）**不按疗程使用**　疾病的发展是有一个病程的，并不能用药一两天就马上消除，用药 2 天不显效并不代表用药错误，盲目停药会使以前的用药前功尽弃。另外，不能看到表征恢复就停药，这样容易造成病情反复，甚至转为慢性病。在治疗用药时，一定要达到药物治疗所需的疗程，不可靠表面现象来判断疾病消除与否。

（3）**投药剂量不当**　在使用剂量上，兽药产品按每千克体重或饮水比例来测算，但均没有标出上限量，这就为临床使用中毒埋下了隐患。一次用药不起效果，下次使用加大剂量，这样往往由于药害作用加重了鸡的病情或加快病鸡死亡。与此相反的做法是用药量不足，达不到治疗效果，还造成病原微生物产生抗药性，使得治疗效果不佳或无效。

3. 配伍使用不当

临床诊断中，往往发现多种疾病混合感染发病，由于病情复杂，联合用药是治疗鸡病的主要方法。药物之间有配伍禁忌，2 种或 2 种以上药物之间混合，有的会产生协同或增强作用；有的则产生拮抗或减弱作用，甚至无效；有的则产生理化作用或毒性作用；所以，联合用药必须在兽医的指导下进行，不可擅自组合。

四、传染病发生后的处理误区

1. 烈性传染病

对疾病病例及症状的不熟悉，未能及时判断烈性传染病的发生并采取有效地隔离防控措施，导致疫情扩散至其他栋舍，甚至在无意或者利益的驱动下把带毒未发病的鸡群销售至市场上，导致病原大范围扩散。

2. 可控传染病

在鸡群发病后，只一味地投药治疗，未采取针对饲养管理的漏洞进行整改，如温度、湿度、空气质量等参数的调整，从而提高鸡群抵抗力；同时，未通过加强消毒管理来消除环境传染病病原，导致对鸡群用药不起作用或反复复发。

第二节 提高疾病防治效益的主要途径

一、加强土鸡疾病综合防治

在养殖过程中，养重于防，防重于治，把鸡养好是一切后续工作的基础。饲养管理者要根据饲养品种、鸡场硬件等因素制订合理可执行的饲养管理方案，并形成监督落实制度。

1. 规范管理

1）制订可执行的温度、湿度、通风等操作指导，为鸡群提供舒适的生活环境。良好的生活环境，能够有效地防止鸡群暴露在各类自然应激条件之下，从而保障鸡群生理发育顺利进行。

2）制订可执行的饲料、饮水卫生管理制度，为鸡群提供卫生营养的食物。根据品种生产性能的需求，制订合理的饲料配方，并严格要求原料的安全性。饲料在使用过程中，注意保存条件、保质期、料槽卫生等细节。同时，确保饮水的来源符合相关标准。

2. 科学免疫

根据当地流行疾病的特异性，制订适用的免疫程序并严格执行，根据流行病学动态适时调整。同时，要定期监测鸡群抗体情况，用以评估免疫程序的保护力情况。

有效的免疫，应该包括以下几方面：

1）疫苗有效：疫苗来源于正规的厂家，毒株符合国家要求及流行动态，免疫应激小、批次稳定，同时保存在相应的温度范围内。

2）操作有效：制订疫苗使用操作指导，确保疫苗在使用过程中方法得当、剂量准确。

3）质量可追溯：制订免疫记录等，做好各批次鸡群的免疫追溯。

3. 有效消毒

严格做好养殖场大门的防疫消毒工作，选择性放行进入及严格对车辆消毒，降低将病原带进场内的概率。制订场内消毒制度、病虫杀灭制度、鸡粪清理制度、病死鸡无害化处理制度等，并有监督落实。土鸡场卫生消毒标准见附录。

二、做好土鸡常见病诊治

1. 新城疫

新城疫（ND），民间俗称"亚洲鸡瘟"，是一种通过呼吸道、消化道传播的病毒性传染病。典型新城疫呈现低流行趋势，养殖场常见非典型新城疫。非典型新城疫多发生于二次免疫新城疫疫苗前后的鸡群。病鸡临床症状不典型，可能呈现不同程度的呼吸道症状，有的病鸡仅出现摇头、咳嗽，有的病鸡仅在安静时才能听到呼吸道啰音。

死后剖检：大多数鸡可见喉气管黏膜不同程度充血、出血；后期病死鸡中可见腺胃乳头、肌胃角质膜下、十二指肠黏膜轻度出血（图9-1）。

预防：平时按肉鸡免疫程序进行免疫。

【提示】

由于非典型新城疫多发生在新城疫疫苗免疫后，因此新城疫疫苗应尽量选用低毒力的弱毒苗或者灭活苗。

2. 禽流感

禽流感是一种严重危害土鸡养殖的病毒性传染病。本病一年四季都会发生，但以气温骤冷骤热的冬季和早春最常发生。感染鸡主要从呼吸道和排出的粪便排出病毒，污染饮水、饲料、笼具、设备等，直接或间接感染鸡群。根据致病力的不同，禽流感分为高致病性禽流感、低致病性禽流感和不致病性禽流感。土鸡养殖中常见 H9 型低致病性禽流感，病鸡精神沉郁，采食、饮水量下降；羽毛松乱，腿、趾部皮下有红色出血斑；个别鸡冠、肉垂、颜面肿胀，眼角充血、发绀（图 9-2）；有明显的呼吸道症状，常表现为张口呼吸、咳嗽、打喷嚏、甩头、流鼻涕；排黄白色或黄绿色稀粪；皮肤干燥，呈脱水状。

图 9-1　新城疫病死鸡腺胃出血

图 9-2　禽流感病鸡头冠发绀

死后剖检可见喉头、气管充血、出血；有支气管和黄色干酪样物阻塞；腺胃乳头、腺胃和肌胃交界处、腺胃与食道交界处、肌胃角质膜下出血；气囊膜浑浊，有典型的纤维素性腹膜炎。

防治：①平时按土鸡免疫程序进行免疫。②发病期间将清热解毒、止咳平喘的中药清瘟散拌于饲料以减轻症状，同时使用激活免疫系统系统的海藻多糖抑制病毒的复制。另外，为了防止并发和继发感染，可适量添加抗菌药物。

【注意】

由于禽流感的流行特点、症状和病变与新城疫、传染性支气管炎、传染性喉气管炎相似，极易混淆，必须做鉴别诊断。

3. 传染性支气管炎

传染性支气管炎是一种鸡场常见且严重危害土鸡养殖的病毒性传染病。本病一年四季都有发生，尤其是在春季和秋季。主要感染 40 日龄的雏鸡。本病主要是病鸡从呼吸道排毒，经空气中的飞沫和尘埃传给易感鸡；也可从泄殖腔排毒，通过饲料和饮水等媒介，经过消化道感染。本病的传播速度较快，仅 2 天即可导致全群感染。鸡群发病突然，有的病鸡主要呈现不同程度的呼吸道症状，如咳嗽、打喷嚏、呼吸有啰音、呼吸困难、张口呼吸；有的病鸡还出现拱背扎堆、排白色稀粪、病鸡脱水而体重减轻、胸肌发绀，重者鸡冠、面部及全身皮肤颜色发暗。

死后剖检可见花斑肾，肾小管和输尿管严重扩张，内充满白色尿酸盐。气管、支气管黏膜可见轻微充血，里面有少量浅黄色黏液，其他脏器无明显变化。种鸡中会发现部分假产母鸡，这是由育雏育成阶段感染传染性支气管炎所导致的（图9-3）。

防治：①平时按土鸡免疫程序进行免疫，加强饲养管理，避免各种应激因素。②发病鸡群要注意降低饲养密度、加强鸡舍消毒，同时在饮水或饲料中适当添加抗菌药物和电解多维；对于肾变明显的鸡群要注意降低饲料中的蛋白质质量，并适当补充钾离子和钠离子。

【提示】

由于传染性支气管炎疫苗对呼吸道刺激严重，很容易引发呼吸道病，如果投药不及时，有时病情会一发而不可收拾，因此，疫苗接种后应投药控制呼吸道病的发生。

4. 传染性喉气管炎

传染性喉气管炎是一种可以引起鸡严重的呼吸道疾病、产蛋下降和死亡的病毒性传染病。病鸡表现严重的呼吸困难（图9-4），并伴随流鼻涕，有时鼻涕中带血。

图9-3 感染传染性支气管炎的假产母鸡

图9-4 传染性喉气管炎病鸡呼吸困难

死后剖检可见喉部、气管黏膜肿胀、出血或糜烂。传染性喉气管炎症状也可能由老年鸡接种的疫苗毒传播感染。

防治：①平时按土鸡免疫程序进行免疫。②倘若传染性喉气管炎暴发，可以紧急接种疫苗，能大大降低损失。

【提示】

本病发生后往往因继发葡萄球菌感染而使病情加重，因此同时采用抗菌药物治疗可取得良好的效果。

5. 传染性法氏囊病

传染性法氏囊病是严重危害土鸡养殖的一种病毒性传染病。发病高峰主要集中在5~7月。本病发病急，传播迅速，发病率高达9%~10%，死亡率高达30%~70%。主要发生于2~8周龄。病鸡羽毛松乱，精神沉郁，不愿走动，呈蹲伏姿势，食欲减退，体温升高，拉白色水样、米汤样略带黄色稀便，以上症状在发病初期零星发生，但随后就会波及大群。鸡群一般于发病后第3天开始出现死亡，5~7天达死亡高峰，以后逐渐减少，10天后停止死亡。

死后剖检可见胸肌及腿肌外侧呈斑状或刷状出血，腺胃与肌胃交界处有出血，脾脏个别肿大，法氏囊黏膜表面常有点状出血，严重呈紫葡萄样，花斑肾。但有时以上症状不明显，仅见肾脏肿；法氏囊炎水肿，囊内有黏液或者萎缩，肝脏呈黄色，呈不典型性（图9-5）。

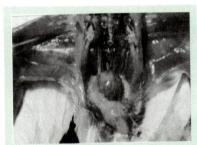

图9-5　感染传染性法氏囊病病死鸡剖检

防治：①平时按土鸡免疫程序进行免疫。②发病早期用卵黄抗体进行肌内注射，配合使用抗菌、清热解毒的中草药，并在饮水中加入0.5%白糖、0.1%维生素C，可迅速控制疫情。

【注意】

制订免疫程序时，应该充分考虑母源抗体的干扰问题，种鸡开产前和产蛋期注射过灭活疫苗的，其后代母源抗体一般比较高，雏鸡应在14~18日龄首免，种鸡没有注射过灭活疫苗的，其后代母源抗体一般较低或者没有，雏鸡应在1~5日龄首免，因此，不能盲目照搬免疫程序，要根据鸡苗来源具体情况具体分析。

6. 鸡白痢

鸡白痢是由鸡白痢沙门菌引起的雏鸡最常见的细菌性传染病之一，可经种蛋垂直传播。温度多变，饲养密度过大，卫生条件差及饲料营养缺乏等均易诱发本病。病鸡畏寒，群聚，翅下垂，闭眼昏睡，呼吸困难或气喘，下痢，排白色糊状稀粪，肛门周围绒毛常被粪便污染，干后结成石灰样硬块，封住肛门（图9-6），造成排便困难，因此排便时发出尖叫。

防治：①尽量避免从鸡白痢严重的种鸡场引入种蛋，加强种蛋及孵化设备的消毒。②于葡萄糖饮水中投放头孢类药物进行预防。③治疗时，降低鸡群密度，改善卫生条件，带鸡消毒，并用氟苯尼考和多种维生素拌料饲喂。进行预防。

图 9-6　鸡感染白痢的糊肛

【注意】

鸡白痢主要是通过种蛋垂直传播，因此种蛋来源需要严格把关。

7. 大肠杆菌病

大肠杆菌病是由某些致病性血清型或条件致病性大肠杆菌引起的一类疾病，已成为危害养禽业的主要传染病之一。尤其是高温季节，由于环境、饲料、饮水卫生状况恶化，土鸡易暴发此病。病鸡精神沉郁、食欲减退，呼吸困难，排黄绿或黄白色粪便，零星死亡。死后剖检发现最典型病变是肝周炎、心包炎、腹水及腹膜炎（图9-7）。

防治：①保证环境卫生，包括环境消毒、加强空气流通。②防止饲料及水源的污染、提高机体免疫力、减少天气突变等造成的一些应激因素。③定期向饮水中加入抗菌药物进行预防，如硫酸黏菌素等。④发病后结合大肠杆菌的耐药特点合理选择药物进行治疗。

【提示】

大肠杆菌容易产生耐药性，因此根据药敏试验选择最佳用药，不仅节约用药成本，还有明显的治疗效果。

8. 传染性鼻炎

传染性鼻炎由副鸡嗜血杆菌（又称副鸡禽杆菌）引起，多发生于炎热地区，主要影响较大日龄鸡，多见于多日龄共同饲养的鸡场，而且未见死亡率明显增加。本病发病率高，但死亡率低。细菌在体外存活2~3天，很容易被加热、干燥和消毒剂杀死。本病经常是急性发作，有时是慢性的，以上呼吸道的鼻黏膜（特别是鼻腔和鼻窦黏膜）发炎为主要病理特征。初次接触病原菌1~3天后，疾病快速发作，病程为2~3天，在10天内波及整个鸡群，增加鸡的死淘率。本病通过渗出液或直接接触来传播，不经过鸡蛋传播。病鸡肿脸、眼睛化脓和流鼻涕、肉垂肿大、打喷嚏、呼吸困难、健康状况较差，食欲减退，产蛋量下降10%~40%（图9-8）。

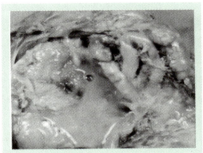

图9-7 大肠杆菌感染引起的腹膜炎

图9-8 传染性鼻炎病鸡

防治：①通过采用"全进全出"的饲养方式，达到鸡群无传染性鼻炎，从而达到预防的效果。②用疫苗（所谓的菌苗）进行预防，至少需要2倍的剂量。③临床上常采用磺胺类药物对本病进行治疗，另外在饮水中加入氯制剂、百毒杀等消毒剂，可以减少本病通过饮水传播。

【提示】

由于传染性鼻炎易与支原体混合感染，因此选用磺胺类药物再配合使用红霉素、泰乐菌素和壮观霉素，可以获得更好的治疗效果。

9. 滑液囊支原体感染

滑液囊支原体感染是由滑液囊支原体引起的一种传染性疾病，感染本病会增加土鸡养殖的人力和用药成本、降低土鸡的生长速度和饲料转化率、导致淘汰率升高和屠体质量下降。本病潜伏期一般为7~15天，病鸡前期出现缩脖、打蔫、翅膀下垂。随着病情发展，病鸡采食量下降、消瘦；胸骨肿大，跗关节和跖关节肿胀、跛行，甚至变形；有的病鸡出现咳嗽、呼噜、气管黏液甚至会出现零星死亡。

死后剖检可见呼吸道黏膜有卡他性炎症，黏膜水肿、充血、出血；关节部位病初水肿，有黄色或灰色清亮渗出液（图9-9），随着病程发展，渗出液浑浊，最终呈干酪样。受影响的关节呈橘色，有的关节软骨出现糜烂。

图9-9 鸡关节滑液囊支原体感染症状

防治：①平时按土鸡免疫程序进行免疫，并定期进行抗体水平监测。②发病期间采用氟苯尼考和多西环素兑水供鸡饮用，同时在饲料中拌入2%红糖和0.3%小苏打，另兼用抗菌药物以防并发和继发大肠杆菌病。

10. 球虫病

球虫病是危害严重、发病广泛的一种原虫病，其中以毒害艾美耳球虫侵害为主的小肠球虫病在土鸡养殖过程中最为常见。本病的发生与温度、湿度关系密切，因此在温暖多雨和地面潮湿时多发。土鸡多在8~18周龄发病。发病初期，病鸡精神沉郁，采食减少，鸡体逐渐消瘦，鸡冠和腿部皮肤苍白；排水样稀粪或饲料样粪便，严重者排深褐色西红柿样粪便（图9-10），粪便中含有血液和黏液，有刺鼻难闻的气味，病鸡出现零星死亡。几天以后，病鸡还出现瘫痪，不愿走动，尖叫，而且夜间死亡明显增多，部分病死鸡死前精神、采食基本正常，死亡很突然。

死后剖检可见小肠特别是中段肠管扩张肿胀（气胀），肠壁增厚。从浆膜面可见感染部位出现针尖大

图9-10 球虫病病鸡的粪便

的白色和红色病灶，有的为片状出血斑；肠内容物呈浅灰色、褐色或红色，有的小肠内有水样稀粪，肠壁黏膜呈麸皮样；空肠和回肠脆而易碎，充满气体，肠黏膜覆盖一层黄色或绿色伪膜，有的易剥落，黏膜有出血斑点。

防治：①平时按土鸡免疫程序进行免疫。②若有坏死性肠炎，则选用磺胺类药物，连用3~5天，与此同时饮水中加适量鱼肝油促进肠黏膜的恢复。

【注意】

如果在疫苗免疫后2天内发生球虫病，则禁止使用有磺胺类成分的药物进行球虫治疗，因为有磺胺类成分的药属于免疫抑制类药物，会影响抗体的产生。

11. 中暑

中暑是由于烈日暴晒、环境气温过高，导致鸡中枢神经紊乱、心衰猝死的一种急性病。其主要症状为病鸡张口急促呼吸、痉挛、体温升高至45~46℃、触诊高热灼手，尤其是腋下与胸腔部。

死后剖检可见头盖骨（额骨）出血，脑膜充血、出血，轻度水肿；心肌出血、心包积液；肺水肿、瘀血；其他组织出血。

防治：①提早做好防暑准备，适当降低养殖密度，改善鸡舍通风，增设降温的喷水、喷雾、水帘等装置。②供给充足的饮水和适量的清热解暑中草药、维生素C。③一旦发现病鸡卧地不起、呈昏迷状态，尽快转移至通风阴凉处，对病鸡进行用冷水喷雾或冷水浸湿，再用小苏打或0.9%盐水饮喂。

【小经验】

适当调整喂料时间，避开高温时段，选择在相对凉爽的时段给料，可以有效地避免本病的发生。

12. 黄曲霉毒素中毒

黄曲霉在温暖潮湿条件下，很容易在谷物中生长繁殖并产生毒素。饲喂发霉的饲料，常常引起黄曲霉毒素中毒。雏鸡对黄曲霉毒素的敏感性最高，中毒后可造成大批死亡。病鸡废食、下痢、皮肤苍白或黄疸、生产力下降，衰竭死亡。

死后剖检可见肝脏肿大、硬化、脆弱、黄疸、斑点状出血或灰白色斑点状坏死灶；腹水；心脏有出血，心包积液；胰腺萎缩（由均匀变成凸凹不平或网状）；肾脏肿大，肠黏膜出血。

防治：①不喂发霉变质的饲料。②一些养鸡户不注意饲料的贮存，乱堆乱放。应注意防潮、通风、防鼠等，尤其在夏季饲料最易霉变时注意饲料的贮存。③避免无计划采购饲料，造成饲料积压超过保质期，不但使饲料中的营养类物质损失殆尽，而且易引起霉菌毒素中毒。④一旦发生中毒，立即更换饲料，在饲料或饮水中加入 0.05% 维生素 C 和 1% 葡萄糖，并尽早服用轻泻剂，如用硫酸钠促进肠道中毒素的排出。

【注意】

饲喂霉变的饲料是本病发生的根源，因此保证饲料的品质是预防本病最有效的措施。

三、合理使用药物

（1）准确选药　根据药物治疗范围及抗菌谱，结合临床症状，选择有针对性的药物，避免乱用药、滥用药。

（2）剂量准确　严格按照药物说明书执行用药，剂量不足达不到治疗效果，剂量过大造成成本高，严重则造成鸡群中毒。一般 3~5 天为 1 个疗程，疗程不足则疾病容易复发。

（3）投药方式　根据药物说明书的指导及鸡群状态选择用药方式。一般有饮水、拌料、喷雾等方式。

（4）轮换用药　对于不同成分可以取得相同疗效的药物，需要轮换使用，避免场内病原对单一药物产生耐药性。

（5）实行休药期　目前，食品安全管理越来越严格，养殖场在用药过程中，要根据鸡群的日龄严格执行停药期，杜绝药物残留鸡群上市。

（6）慎用和禁用　对于一些毒性较大的药慎用，如恩诺沙星、磺胺类药物等。对于法规禁止使用的四环素类等药物，坚决不用。

（7）科学配伍　抗生素在使用过程中，不同成分的抗生素联合使用的情况很常见。在多个药物联合使用过程中，要注意相互的配伍禁忌。

第十章
搞好环境调控，向环境要效益

土鸡的饲养环境可直接影响土鸡的生长、发育、育肥、繁殖、产蛋和健康。通过控制土鸡的饲养环境，使其尽可能满足土鸡的最适需要，可充分发挥土鸡的遗传潜力，减少疾病的发生频率，降低生产风险和成本。

第一节 环境控制的误区

一、忽视季节性气候的危害

土鸡饲养的环境大多数是开放式或半开放式的鸡舍，在饲养过程中，受气候的影响非常大，特别是对于某些四季分明的地区，季节性气候变化对土鸡养殖的影响更大，因为它会直接影响到疾病在各个季节的防控工作，而这点正是养殖户所忽视的。

为了尽量避免土鸡在不同季节患病，应该深入思考季节性气候变化对土鸡各个方面所带来的具体影响。具体来讲其影响可分以下几点：

1. 对呼吸系统疾病的影响

由于鸡呼吸系统的特殊性，季节性气候变化很容易诱发其出现呼吸道疾病，发病率非常高。特别是在秋冬及冬春季节交替时，昼夜温差幅度变化较大，很容易使土鸡发生传染性喉气管炎、传染性鼻炎等疾病。

2. 对消化系统疾病的影响

消化系统中的消化不良与肠胃炎都是比较常见的消化系统疾病，诱发这类疾病的原因也多种多样，如饲料质量不合格、管理不到位都可能引发消化系统疾病。但实际上季节性气候变化因素也不可忽略，春秋季节是最容易患上消化不良与肠胃炎的季节，因为春秋季节的气温变化幅度极大且雨水较多，土鸡饲养很多都是散养模式，会导致鸡饮脏水，从而诱发消化系统疾病肠炎。这也是导致土鸡夏季体重不足的主要原因。

3. 对夏季中暑的影响

土鸡的体温控制系统没有进化完全，只能通过呼吸蒸发散热来调节体温，所以在夏季高温季节，土鸡经常会出现中暑现象，导致经济损失。

4. 对中毒病的影响

在南方地区秋冬季节容易出现中毒病且具有较高的发病率，一到春季则会停止发病。究其原因主要是秋冬季节日照时间短、降雨量大、空气湿度高、在连续降雨情况下如果饲料管理不善可能会发生霉变，采食霉变饲料后鸡就会中毒。需要做好饲料的防霉防潮及料桶的及时清洗等工作，以防鸡中毒。

二、不重视鸡舍内环境控制

对于土鸡养殖，随着经验增长很多养殖户慢慢会注重饲养管理和饲料营养要求，但是对于鸡舍内环境的控制方面做得非常不理想，这也是不同养殖户饲养成绩离散度大的重要原因。目前存在的主要问题是：

1. 环境控制设备质量差异大

鸡舍环境控制的设备很多，但有一些实际使用效果不理想，主要原因是目前研发的设备与鸡舍不匹配，鸡舍建筑布局与建筑材料迥异，密闭和保温不到位，无法提高系统运行所需的稳定内环境。

2. 员工培训不到位

基层养殖人员、技术人员的素质和水平参差不齐，对环境控制系统的理解和操作能力也不尽相同，未能将先进的环境控制设备的性能充分发挥出来。另外，管理人员也没有重视环境控制设备的操作，对技术员和饲养员的培训远远不够。

3. 对环境参数的研究不够

目前，我国的土鸡品种资源非常丰富，养殖模式和鸡舍类型多种多样，针对不同品种适应不同的鸡舍内空气质量等环境参数的研究远远不够，研究层次不深，缺乏具体、细化、量化、针对性强的基本参数和技术规程。

三、忽视饮水卫生管理

土鸡饲养用的乳头式饮水系统除了满足饮水功能，还要兼顾投药、免疫等功能，长期使用后其卫生往往会被养殖户忽视。饮水系统在使用过程中存在的主要问题是：

1. 密闭水线的清洗消毒问题

很多养殖户会重视鸡舍环境的消毒清洗工作，但对于密闭水线清洗消毒没有概念。水是土鸡生长过程中的必需品，水的卫生状况是决定鸡是否发病的重要原因之一。如果水线不清洗消毒，会导致大量的病原微生物滋生，从而导致鸡发病，降低生产性能，提高生产成本。

2. 水线滋生生物膜问题

由于生物膜产生在密闭的水线内壁，养殖户往往会忽视它们。生物膜会堵塞饮水器的出水口和乳头，导致不出水或乳头漏水，使鸡舍的鸡粪变稀，氨气增加，影响鸡健康。

生物膜的组成主要包括水垢、病原微生物、营养物质。当水体中含有碳酸盐胶体、细菌和有机物时，容易形成水垢。水垢表面粗糙，具有强大的吸附能力，一旦水线内壁形成水垢，极易吸附药物、疫苗、维生素等，影响其效果。在土鸡饲养中，常规的保健用药，以及如氨基酸、维生素、葡萄糖等营养物质，也容易被吸附到水线内壁，造成蓄积、变质、滋生有害微生物。

生物膜的存在，最终会造成鸡群免疫效果不稳定、肠道疾病频发等一系列问题。因此，养殖户需要高度重视水线的卫生管理工作。

【小知识】

生物膜实际是水线中病原微生物聚集形成的薄层。病原微生物聚集到水管内表面，然后相互聚集形成胶状物，聚集到一定程度从而形成了生物膜，当生物膜破裂时，病原微生物又会被释放到水体中进行传播。

第二节　提高环境调控效益的主要途径

一、掌握鸡舍类型的差异

土鸡集约化饲养需要建设鸡舍，鸡舍的类型成为环境控制的前提。鸡舍的类型可以分为开放式、封闭式及开放和封闭结合式三种类型。

1. 开放式鸡舍

开放式鸡舍主要有两种形式：一是有窗鸡舍（图10-1），可根据天气变化开闭窗户，调节空气流通量，控制鸡舍温度；二是卷帘鸡舍（图10-2），用卷帘布作为维护墙，靠卷起和放下卷帘布调节鸡舍内的温度和通风。开放式鸡舍的优点是造价低，节省能源；缺点是受外界环境的影响较大，尤其是受光照的影响最大，不能很好地控制鸡的性成熟。对于散养土鸡，通常在鸡舍的南北两侧或南面一侧设置运动场，白天土鸡在运动场自由运动，晚上休息和采食在舍内进行，到了冬季，为了保温通常在运动场上方用塑料布搭建保温棚。

图10-1 有窗鸡舍

图10-2 卷帘鸡舍

2. 封闭式鸡舍

封闭式鸡舍（图10-3）的通风完全靠风机进行，自然光无法进入鸡舍内部，鸡舍内的采光是根据需要人工加光，舍内温度靠加热升温或通风降温。封闭式鸡舍主要满足以下几方面要求：遮光，天气寒冷时供暖，天气炎热时降温，降低鸡舍内的湿度，降低鸡舍内的有毒气体浓度，为封闭式鸡舍提供足够的流通空气。由于封闭式鸡舍内的环境条件能够人为控制，受外界环境的影响小，可以使鸡舍的内部条件尽量维持在接近鸡最适需要的水平，能够满足鸡的最佳生长、减少应激的需要，充分发挥鸡的生产性能。环境可控的封闭式鸡舍的缺点是投资大，光照全靠人工加光，完全机械通风，耗能多。

3. 开放和封闭结合式鸡舍

这种鸡舍结合了开放式和封闭式鸡舍的优点，鸡舍除安装了透明的窗户之外，还安装了湿帘风机降温系统。在春秋季节窗户或卷帘可以打开，进行自然通风和自然光照；夏季和冬季根据天气情况将窗户关闭，采用机械通风和人工光照。夏季使用湿帘降温和纵向通风，加大通风量；冬季减少通风量至最低需要量水平，以利于鸡舍保温（图10-4）。

图10-3　现代化封闭式鸡舍

图10-4　开放和封闭结合式鸡舍

二、理解笼养和平养的差异性

笼养和平养系统有较大的差异（表10-1）。在传统的笼养系统中，鸡的活动空间被限制得较小，鸡的行为表现也被限制。但在现代的群体笼养系统中，一个群体笼可容纳40~50只鸡，必须要把观察鸡的行为作为一项重要工作。

地面平养系统又分很多类型，如自由放养、开放式多层饲养系统等。对后一种饲养方式，更要加强对鸡行为的观察。母鸡喜欢把自己的活动区域划分成休息区、产蛋区、挖刨区、饮食区、沙浴区等。在休息、产蛋和沙浴的区域，母鸡需要安静的环境，不希望被其他母鸡来回走动打扰。

表10-1　笼养和平养系统的差异

笼养系统特点	平养系统特点
最高效的饲养方式	要求更高的饲养管理水平，鸡的行为观察必须纳入管理日程
鸡被限制活动而不能表现其自然行为	鸡可以表现其自然行为
节省劳力	需要更多的劳动力
更好的卫生条件	符合动物福利
容易控制舍内气候	通风系统需要调整

三、做好舍内小气候调控

鸡舍内小气候受温度、风速、空气质量、灰尘和光照等多因素的影响。不能忽视鸡体周围的小气候,因为其会对鸡群产生影响。鸡舍内小气候环境好坏,会决定鸡的舒适程度,从而影响生产成绩,小气候环境要求标准见表10-2。

表10-2 鸡舍内小气候环境要求标准

序号	项目	标准
1	温度值+相对湿度值	90~93
2	氧气	>19.6%
3	二氧化碳	<0.3%
4	一氧化碳	<0.01%
5	氨气	<0.01%
6	可吸入性灰尘	3.4毫克/米^3
7	空气流速	10~20厘米/秒

管理人员需要检查气候控制设备的控制效果,应熟知这些设备的操控和最佳设置。有时会遇到生产厂家推荐的设置与现实操作不匹配的状况,需要根据实际情况调整鸡舍内传感器的位置,以达到最优的控制效果。在依靠传感器进行控制的同时,还需要进行观察,捕捉鸡的信号来判断控制的效果。如果发现鸡群总是避免聚集在某个区域,或是在某个区域扎堆,这可能是因空气流动不畅造成的。

1. 通风控制

舍饲土鸡的饲养密度较大,每天产生大量的废气和有害气体。为了排出水分和有害气体,补充氧气并保持适宜温度,必须使鸡舍内的空气流通。鸡舍内的有害气体包括粪尿分解产生的氨气和硫化氢、呼吸或物体燃烧产生的二氧化碳,以及垫料发酵产生的甲烷,另外用煤炉加热时燃烧不完全还会产生一氧化碳。这些气体对土鸡的健康和生产性能均有负面影响,而且有害气体浓度的增加会相对降低氧气的含量。通风换气是调节鸡舍空气环境状况最主要也是最经常用的手段。

鸡舍内的小气候取决于通风、加热和降温的结合。对于通风系统的选择还要适应外部的条件。无论通风系统简单或复杂，首先要能够操控。即使是全自动的通风系统，管理人员的眼、鼻、耳、皮肤的感觉也是重要的参照。

（1）自然通风 自然通风不使用风机促进空气流动。新鲜空气通过开放的进风口进入鸡舍，如可调的进风阀门、卷帘。自然通风是简单、成本低的通风方式。

（2）机械通风 即使在自然通风效果不错的地区，养殖场也越来越多地选择机械通风。虽然硬件投资和运行费用较高，但机械通风可以更好地控制鸡舍内环境，并带来更好的饲养结果。通过负压通风的方式，将空气从进风口拉入鸡舍，再强制抽出鸡舍。机械通风的效果取决于进风口的控制。如果鸡舍侧墙上有开放的漏洞，会影响通风系统的运行效果。

1）横向通风：风机将新鲜空气从鸡舍的一侧抽入鸡舍，横穿鸡舍后从另一侧排出。通风系统可以设置最小和最大的通风量（图10-5）。

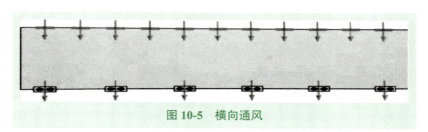

图 10-5　横向通风

2）侧窗通风：进风口设置在鸡舍两侧，风机安装在鸡舍一端。这种通风方式非常适合于常年温度变化不大的地区（如海洋性气候地区），其设备投资和运行费用均较低（图10-6）。

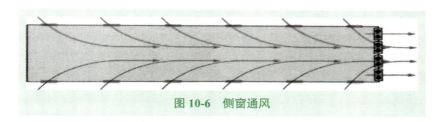

图 10-6　侧窗通风

3）屋顶通风：风机安装在屋顶的通风管道处，进气阀均匀分布在鸡舍两边。这种通风方法经常用于较冷天气的少量通风。该系统少量通风时运行较好，大量通风时运行成本较高，因为需要大量的风机和通风管（图 10-7）。

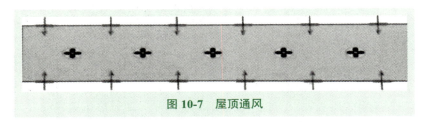

图 10-7　屋顶通风

4）纵向通风：风机安装在鸡舍末端，进风口设置在鸡舍前端或前端两侧的一段侧墙上。空气被一端的风机吸入鸡舍，贯穿鸡舍后从末端排出。纵向通风可以加大空气流动速度，最大至 3.4 米／秒，从而给鸡群带来风冷效应。在通风量要求很大的鸡舍，通常采用纵向通风。（图 10-8）

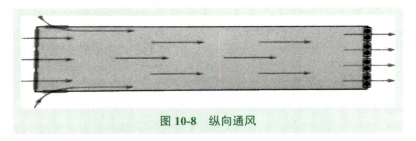

图 10-8　纵向通风

5）复合式通风：纵向通风经常与屋顶通风或侧窗通风等联合使用。屋顶和侧窗通风用于少量通风，当较大量通风时需要把这些阀门关闭且进风口打开。复合式通风逐渐得到广泛应用（图 10-9）。

2. 光照控制

光照良好的鸡舍提供了一个观察舍内鸡的良好视野。所有类型的鸡舍都需要良好的光照。地面平养系统中，在整个鸡舍分布均匀的光照为在鸡舍的工作提供了条件，可以观察到在鸡舍任何部分、任何时间的鸡的任何行为。日照时间和光照强度还会影响饲料的消耗量和产蛋性能。

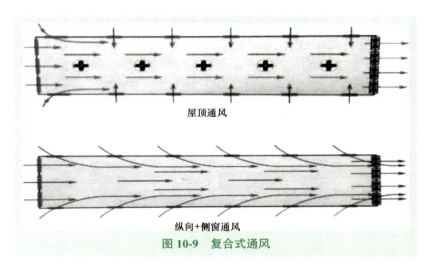

图 10-9 复合式通风

（1）光照作用的机理　光照不仅使土鸡看到饮水和饲料，促进鸡的生长发育，而且对土鸡的繁殖有决定性的刺激作用，即对土鸡的性成熟、排卵和产蛋均有影响。一般认为鸡体内有两个光感受器，一个为视网膜感受器，即眼睛；另一个位于下丘脑。下丘脑接受光照变化刺激后分泌促性腺激素释放激素，这种激素通过垂体门脉系统到达垂体前叶，引起卵泡刺激素和黄体生成素的分泌，促使卵泡发育和排卵。

（2）光照的作用

1）光照对雏鸡的作用。对于雏鸡，光照的作用主要是使它们能熟悉周围环境，进行正常的饮水和采食。为了增加雏鸡的采食时间，提高增重速度，通常采用每天 23 小时光照、1 小时黑暗的光照制度或间歇光照制度。

2）光照对育成鸡的作用。通过合理光照可控制鸡的性成熟时间。光照减少，延迟性成熟，使鸡的体重在性成熟时达标，提高产蛋潜力；增加光照，缩短性成熟时间，使鸡适时性成熟。

3）光照对产蛋母鸡的作用。增加光照并维持相当长度的光照时间（15 小时以上），可促使母鸡正常排卵和产蛋，并且使母鸡获得足够的采食、饮水、社交和休息时间，提高生产性能。

4）光照对公鸡的作用。通过合理光照可控制公鸡的体重，适时性成熟。20 周龄后，每天 15 小时左右的光照有利于精子生成，增加精液量。

5）红外线的作用。红外线的生物学作用是产生热效应，用红外线照射雏鸡有助于防寒，提高成活率，促进生长发育。

6）紫外线的作用。用紫外线照射土鸡皮肤，可使皮肤中的 7-脱氢胆固醇转化成维生素 D_3，从而调节鸡体的钙、磷代谢，提高生产性能。紫外线还有杀菌能力，可用于空气、物体表面的消毒及组织表面感染的治疗。

(3) **光照颜色**　根据鸡对光照颜色的反应，环境控制鸡舍育成期可采用红色光，产蛋期可以采用绿色光；开放式鸡舍由于自然光属于不同波长的光混合而成的复合白光，所以一般采用白炽灯或荧光灯作为补充光源。和荧光灯相比，白炽灯产热多、光效低、耗电量大。但是价格便宜，投资少，且容易起动，所以两种光源都有使用。从长远来讲，节能的荧光灯将替代白炽灯。

(4) **光照度**　调节光照度的目的是控制土鸡的活动性，因此鸡舍的光照度要根据鸡的视觉和生理而定，过强过弱均会带来不良的后果。光照度太强不仅浪费电能，而且鸡会显得神经质，活动量大，消耗能量，易发生斗殴和啄癖；光照度过弱，则影响采食和饮水，影响产蛋量。

为了使光照度均匀，一般光源间距为其高度的 1~1.5 倍，不同列灯泡采用梅花分布方式，注意鸡笼下层的光照度是否满足鸡的要求。使用灯罩比无灯罩的光照度增加约 45%。由于鸡舍内的灰尘和小昆虫粘落，灯泡和灯罩容易脏，需要经常擦拭，应及时更换损坏灯泡，以保持足够亮度。

(5) **鸡舍光照控制方案**

1）平养鸡舍的光照控制。平养鸡舍的光照控制，可以采用 LED 灯泡（图 10-10）和灯管（图 10-11）两种模式。LED 灯泡发光角度有一定的局限性，降低了地面吸收的光照度利用率，更多的发光在空间上方，会产生"聚光照明"效应而出现光斑和暗区。LED 灯管发光面广，可以有效地避免调暗时产生的光斑和暗区，充分利用了灯光发光原理，做到光照度均匀，灯管在最亮时灯与灯之间亮度误差控制在 10 勒左右。

2）笼养鸡舍的光照控制。将灯管或灯带安装于每层笼内（图 10-12），是目前所有灯光方案中笼内光照度最均匀的，目前欧洲笼养设备全部采用此方案。由于成本较高，目前我国的用户采用灯带替换来达到光照度均匀的要求。

图 10-10　平养鸡舍中灯泡布置均匀

图 10-11　平养鸡舍中灯管布置均匀

将灯管安装于 2 层和 4 层食槽笼外对照，在灯光方案中笼内光照度是较为均匀的。由于成本原因目前我国小部分用户采用此方案（图 10-13）。

图 10-12　笼养鸡舍中笼内灯带模式

图 10-13　笼养鸡舍中灯管模式

针对 3 层笼养鸡舍，灯泡安装于离地面 2.5 米左右并向下照，在灯光方案中这能满足每层食槽的光照度，确保鸡在采食区有良好的光照度。由于灯泡的发光角度问题，顶层与底层光照度相差较大，建议灯泡间距小且灯泡功率小，目前我国一部分用户采用此方案（图 10-14），成本也非常合理。

针对 4 层笼养鸡舍，灯泡安装采用高低灯的形式，此灯光方案能满足每层食槽的光照度，确保鸡在采食区有良好的光照度，目前我国一部分用户采用此方案（图 10-15），成本也非常合理。

3. 灰尘控制

没有鸡舍可以做到一尘不染，垫料、饲料、羽毛、粪便都会最终变成灰尘。灰尘对鸡和人均有害。灰尘微粒被吸入鸡的肺中，如果再同时吸入了氨气，将会破坏黏膜系统，从而增加了呼吸道感染的风险。吸入灰尘对人类健康也有害，尤其是灰尘浓度较高、在鸡舍内停留时间较长、灰尘微粒极小时,初期表现为非病原性症状,如咽喉后部发痒、打喷嚏、咳嗽等,如果不注意可能转变成严重的支气管炎、呼吸短促、哮喘和肺活量减少。永远不要低估灰尘对健康的害处,进入鸡舍最好戴上口罩。

图 10-14　3 层笼养鸡舍中灯泡模式

图 10-15　4 层笼养鸡舍中灯泡模式

鸡舍降尘的方法有很多,养殖户可以根据自己的实际情况进行选择。

(1) **喷水和喷雾系统结合**　用洁净的水喷洒降尘,可以减少至少 80% 的大颗粒灰尘和 50% 的细颗粒灰尘,缺点是鸡舍内相对湿度会升高,垫料会变得潮湿。

(2) **电离作用**　使用不同的电压放电,使得灰尘颗粒带电而吸附在墙壁和地面,可以减少 35% 的灰尘。

(3) **空气净化后循环使用**　可以通过过滤和清洗从鸡舍排出的空气,再循环利用,可以减少 40%~60% 的灰尘。

(4) **地面平养使用薄油膜**　向垫料上喷洒菜籽油或葵花油形成薄油膜覆盖垫料,可以减少 50%~60% 的灰尘产生,缺点是污垢容易结块。

四、做好饮水卫生管理

1. 了解饮水系统的优缺点

目前,土鸡养殖中使用的饮水系统主要有钟式饮水器、乳头饮水器和碗式饮水器,其优缺点见表 10-3。

表 10-3　不同饮水系统的优缺点

饮水系统	优点	缺点
钟式饮水器	容易喝到水、水位和高度易调	开放系统、水无法一直保持新鲜、容易污染
乳头饮水器	封闭系统、水长期保持新鲜、较少漏水、鸡群活动空间大	水易溅出、打湿垫料、投资成本高、较难控制供水量
碗式饮水器	容易喝到水、堵塞后容易检查	成本高、易污染、鸡群活动空间小

2. 确保水质安全

鸡群的饮水应该洁净、无异味，不得含有任何有害物质和杂质。投药和疫苗免疫都要用水作为溶剂。饮水免疫时，要确保水线正常运行，水线中的水清洁、低温。水的酸碱度（pH）会影响药物的溶解性和效果，所以用药之前要冲洗水线。用药后要再次彻底清洗水线，防止药物残留。注意，在水中添加抗生素或其他药物会产生苦味，降低鸡群饮水量。彻底清洗水线还可以防止污物沉积，减少真菌滋生。如果怀疑饮水被污染，需采样化验。检验水的温度和质量时，在水管两端都要取样。因为很多时候水管末端水的质量并不太好。

水中可能含有危害和有害的物质，导致鸡死亡。饮水中不同有害物质引起的鸡症状见表 10-4。

表 10-4　饮水中不同有害物质引起的鸡症状

有害物质	信号	危险剂量
亚硝酸盐	血液中携氧量低，导致鸡冠、耳垂和头部颜色发蓝，鸡昏睡，繁殖性能下降	>1.0 毫克/升
硝酸盐（可以转化为亚硝酸盐）	呼吸道问题	>200 毫克/升
钾	腹泻	>300 毫克/升
钠	脑部症状：歪脖和跛行	>200 毫克/升
硫化物，由硫酸盐在某种细菌作用下转化而成	神经传导阻塞：臭鸡蛋味	>250 毫克/升

(续)

有害物质	信号	危险剂量
铁	肠道功能失调	>5.0 毫克/升
大肠杆菌	肠道功能失调，多种细菌问题	100 个/毫升
霉菌毒素，由霉菌产生	抵抗力下降	没有阈值

（1）做好水源水质控制 养殖场要做到确保饮水质量，首先必须确保水源质量。自来水的水质一般都不错，但是其使用成本太高，因而养殖场最好的水源是深井水。饮用水的水井深度最好是 100 米以上，不要使用地表水。地表井水中细菌严重超标，尤其是饮用水用具没有及时清理清洗，会导致病菌的数量更大。

每批次的空舍期，都需要对水源水质进行颜色和澄清度（图 10-16）、微生物（表 10-5）和矿物质含量的检测。如果矿物质含量超标需要在清洗消毒过程中添加除垢剂和某些酸化剂，以溶解水线内壁的水垢沉淀物。

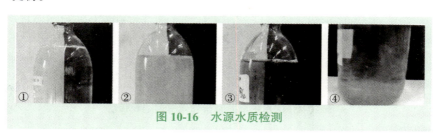

图 10-16 水源水质检测

其中，图 10-16 ①的水质颜色良好、澄清度良好，再进行矿物质检测就可以判断是否可以进行饮用水；图 10-16 ②的颜色差、澄清度差；图 10-16 ③的颜色差、澄清度良好；图 10-16 ④的颜色和澄清度良好，沉积物多，这些样本都不能作为饮用水，当然，为了保持水质达到标准，可以使用水质净化系统进行处理，例如离子化系统、反渗透技术等。

表 10-5 水质检测微生物标准 （单位：CFU/毫升）

检测项目	总菌落数	大肠菌群数	葡萄球菌数	沙门菌数	霉菌数
水	≤ 50	≤ 1	0	0	≤ 1

（2）选择和使用好水质改良剂　水质改良剂必须具有双重效果（表10-6）：消除生物膜和杀死病原微生物。生物膜能使金属水管生锈，含氯的水质改良剂对生物膜没有效果，反而会加剧生锈的程度。效果过强的产品（如过氧乙酸）会破坏饮水系统。此外，过氧乙酸有致癌性，且会影响水的气味和味道，降低鸡的饮水量。所以，需要选择其他合适的水质改良剂。

表10-6　常见水质改良剂及其效果

试剂	效果
臭氧	对细菌和病毒有良好效果；与铁和锰发生反应，促进其排出；降低氯的活性，但效果有很大的局限性
紫外线	对病毒效果不佳；只有水管中的水被紫外线直接照射时才有效果
硫酸铜	铜离子可与细菌细胞壁结合，使细菌死亡
氯化物	价格低，但当pH高于7或者有有机物存在时效果差，可通过加醋的方法降低pH
有机酸	抑菌。有机酸应该加到能使水线中水的pH降低到4.3以下，以达到防止霉菌和酵母滋生的效果（为了不影响饮水量，pH应该保持在3.5以上）
过氧化氢	能有效清理水线，杀死霉菌和细菌，溶解生物膜

（3）做好浸泡清洗水线流程

1）空舍期：打开水线，彻底排出水管中的水。在水箱或水桶中加入某种除垢剂，加入清水混合均匀，同时关闭直通水线阀门，将除垢液在水线中保留24小时。24小时之后，打开水线后端阀门，使用清水冲洗水线10分钟，然后关闭后端阀门，加入某种水质改良剂，加入清水混匀，关闭直通水线阀门，浸泡消毒4小时，这将杀灭残留的细菌，并进一步去除残留的生物膜。浸泡消毒完后，把水线清洗干净。

2）饲养期：尽量晚上操作，消毒浸泡时间调整为30分钟。

【注意】

浸泡水线过程中，需要轻弹每个饮水器乳头，以确保药剂充分进入其中；高压冲洗水线后，需再次轻弹所有饮水器乳头，确保药剂排空。

第十一章
"公司+农户"标准养殖模式典型实例

"公司+农户"模式即养殖户按公司要求自行建好鸡舍,购买相应养殖所需设备后,与公司签订代养协议,按规定交纳一定的代养订金,公司即以记账方式向养殖户提供鸡苗、饲料、防疫药品等,并免费提供技术和跟踪服务,保价回收合格的成品肉鸡。

鸡舍建设适用场所:农村荒山、坡地、果园、竹山、林场,要求水、电、路三通,远离村庄及工厂,具有良好的防疫条件,实行种养相结合,充分发挥其优势。

一、养殖户信息

养殖户张某某,鸡场位于广东省清远市英德市石牯塘镇,养殖品种为清远麻鸡,养殖模式为"公司+农户",与广东天农食品有限公司(以下简称公司)合作。

养殖户的鸡舍为木梁石棉瓦结构,有半开放式鸡舍2栋,每栋长64米,内宽8米,面积约为512米^2,2栋共约1024米^2,搭配运动场面积2000米^2。每栋里面每隔4米1卡,分为16卡,以备分群饲养管理。详细结构见图11-1~图11-4。

图11-1 鸡舍内育雏情况

图11-2 隔离墙高度为50厘米

图 11-3 雨污分流设计

图 11-4 鸡舍外观

饲养方式为平养,每栋饲养量约为 6000 只,饲养规模为 12000 只/批,饲养周期为 130 天,空栏期为 15 天,一年约饲养 2.5 批。

二、投资估算

该养殖户有 2 栋鸡舍,每栋鸡舍建筑投资约 60875 元,设备约 8000 元,合计约 68875 元,详细项目见表 11-1、表 11-2。2 栋总投资预算预计约 13.8 万元。

表 11-1 每栋鸡舍建筑投资预算

序号	材料	数量	参考单价(元)	金额(元)	备注
1	推土			2000	
2	砖	15000 块	0.5	7500	一级砖
3	沙子	30 米^3	300	9000	
4	石粉	20 米^3	130	2600	
5	水泥	10 吨	490	4900	
6	石棉瓦	595 块	15	8925	机制瓦
7	压顶	95 块	7	665	
8	油毡纸	42 卷	35	1470	
9	铺地农膜			约 400	
10	石灰	2.5 吨	260	650	
11	1 米长炉条	7 条		约 150	25 毫米螺纹钢
12	1.75 米长行条	85 条	10	850	4 分尾

（续）

序号	材料	数量	参考单价（元）	金额（元）	备注
13	人字树	35 条	25	875	9 或 10 分尾
14	天面行条	175 条	20	3500	7 分尾
15	瓦角	810 块	2	1620	
16	大小人工			12000	以外包方式预算
17	铁线	约 470 米		约 470	10 号线
18	铁钉			约 300	
19	不可预见费			3000	
20	合计			约 60875	

注：以上预算以目前市场价测算，为节约投资，可充分利用自有材料，其中：人字树、行条、瓦角、炉条、铺地农膜可以使用旧材料。

表 11-2　每栋鸡舍主要生产设备清单及预算

序号	材料	数量	参考单价（元）	金额（元）	备注
1	大号料桶	180 个	6	1080	中大鸡用
2	中号料桶	50 个	4	200	小鸡用
3	开食料盘	30 个	5.5	165	可申请公司代购
4	小号饮水器	50 个	1.4	70	育雏饮水用
5	大号饮水器	100 个	7	700	中大鸡用
6	农用薄膜（2米宽）			400	室内保温用
7	彩条布	200 米	5	1000	鸡舍周边保温用
8	麻袋或毛毯			300	保温用
9	灯泡及配件	30 套	5	150	照明用
10	自动饮水系统			500	
11	水桶	3 个	10	30	20 升

（续）

序号	材料	数量	参考单价（元）	金额（元）	备注
12	水桶	2个	80	160	250升
13	水勺	3个	3	9	加水、加料用
14	塑料盘	2个	5	10	消毒用
15	喷枪	2支	5	10	消毒用
16	喷雾器	1个	25	25	消毒用
17	铁线、绳			250	拉保温棚用
18	1.2米围网			150	围鸡舍、运动场
19	40厘米围栏			200	分栏用
20	竹围	2条	20	40	免疫疫苗用
21	连续注射器	3支	60	180	可在公司购买
22	针头、镊子			12	可在公司购买
23	普通台秤	1台	100	100	称量药物用
24	量杯滴眼瓶			16	
25	保温煤炉	2套	90	180	可在公司购买
26	自动喷雾系统			2000	
27	稻草、木屑				养殖期间垫料
28	无烟煤、木炭				保温用
29	合计			约8000元	

　　代养订金：肉鸡在养殖过程中的成本为20~25元/只，为表示合作双方的诚信，按公司规定，养殖户每养殖一只鸡应向公司交纳代养订金8元左右，即12000×8=96000元。

　　养殖户按照饲养12000只/批的规模，共需准备资金234000元左右。

　　资金筹措：建设和设备资金多是养殖户自筹的。假如有些养殖户资金困难，可以考虑以下方式：①可以通过公司担保方式办理惠农卡，向农业银行申请农村个人生产经营贷款20万~50万元用于交纳养殖押金，

建议该笔贷款分3年期还清。②经济不宽裕的养殖户可以通过参与打疫苗、上市抓鸡等提高收入。

三、养殖技术要求

1. 进苗前准备

（1）**环境卫生** 提前做好屋顶、墙壁、地面、饮水器、料桶、运动场的清洁和消毒工作。同时，做好灭鼠、灭虫工作。

（2）**鸡舍安全防范措施** 检修鸡舍，更换破损帐篷，修整排水沟，达到防风、防洪、防漏水的效果，检修电线电路，安装保险装置，确保用电安全。

（3）**备足垫料、用具** 以1000只鸡为例：需要垫料不少于50千克、小料桶12个、开食盘6个、大料桶40个、小号饮水器12个、大号饮水器6个。

（4）**消毒系统配置** 在鸡舍主要通道上配置消毒池一个（1.2米×1米×5厘米），用水泥砌好；洗手盆1个；工作鞋5双以上。

（5）**育雏室搭建** 1000~1200只雏鸡需育雏室面积16米^{2}左右。冬天双层胶纸，夏天单层胶纸，拉全棚天花，搭建在鸡舍中间位置，还需煤炉1.5个。

2. 养殖管理

（1）**第一周** 育雏保温标准：每栏800~1000只鸡，第一天33~35℃，以后每隔2天降1℃。垫料最好是谷壳、木屑+稻草、花生壳+稻草，垫高或吊高小水壶，防止水洒在垫料上。7日龄开始逐步过度为自动饮水器，用小料桶逐步替换开食盘。3~5天扩栏1次，天冷时注意及时回栏，或增加煤炉。1周左右开始停电，并进行噪声训练。

（2）**第二周** 注意通风，保温棚四周农膜封口处适当留波浪口。通风次序为由上而下，由小到大，由内而外，由背风到全面。确保保温棚内无氨味，天面无水珠。对于舍内有水珠的鸡舍可在天面农膜下加一层毛毯。小料桶、小饮水器逐步替换掉。以防影响鸡群生长均匀度。

（3）**第三周** 注意观察鸡粪情况，发现血便及时用抗球虫药物治疗。小鸡料向中鸡料过渡。扩栏后要做好分栏工作。定期维修料桶，料桶要加料罩，防止浪费饲料。做好鸡群强弱分群、分栏，设立弱小鸡栏进行单独护理。

（4）第四周　做好放牧前准备工作，清理运动场杂物，消毒；清除运动场积水；吊好遮阴棚中的水壶、料桶。

（5）第五周　35日龄时对清远麻鸡第一次断喙：断喙期间注意饲喂多种维生素防应激、甲萘醌防止出血。

（6）第六周至上市

1）每天清洗饮水器1~2次，先清洗饮水器再添水。

2）每周调整水壶和料桶的高度，适合高度为与鸡背持平。

3）注意不要靠墙堆放饲料、防止被雨打湿，按照先进先出的原则使用，做好防霉防潮、防鼠工作。

4）根据天气变化调整鸡舍两侧卷帘，维持通风和保温的平衡。

5）每天喷雾降尘，每周带鸡消毒3次，每3天更换进场脚踏消毒池内消毒液。

6）确保运动场不积水，并不定期用石子填平鸡群刨开的土坑，防止啄羽。

7）90~95日龄清理一次垫料，以后发现垫料潮湿、结块应及时更换。

3. 免疫防疫

（1）基本防疫要求

1）鸡舍每批全进全出，不允许混养其他日龄的鸡群，不混养鸭、鹅等其他禽类。

2）场区要设有大门，防止外来人员、车辆随意进场。

3）门口设立脚踏消毒池，进场要先消毒。

4）设有合格的尸体处理池，能够无害化处理病死鸡尸体。

5）每周消毒2次鸡舍，每10天消毒1次运动场。

（2）免疫程序　参考表11-3的免疫程序进行免疫，并根据实际情况进行调整。

表11-3　清远麻鸡肉鸡免疫程序

日龄	疫苗名称	接种剂量	免疫方式
1	马立克氏病CVI988疫苗	1头份/只	颈部皮下注射
	新支二联活疫苗	1头份/只	喷雾

(续)

日龄	疫苗名称	接种剂量	免疫方式
5	鸡球虫病疫苗	1头份/只	饮水
10	禽流感（H5+H7）疫苗和新城疫、禽流感（H9）二联苗	0.5毫升/只	颈部皮下注射
10	新支二联活疫苗	2头份/只	饮水
10	鸡传染性喉气管炎重组鸡痘二联苗	1头份/只	翼膜刺种
30	禽流感（H5+H7）疫苗和新城疫、禽流感（H9）二联苗	0.7毫升/只	颈部皮下注射
30	鸡传染性喉气管炎弱毒苗	1头份/只	滴眼
50	新城疫Ⅳ活疫苗	3头份/只	饮水

（3）清远麻肉鸡免疫作业要点

1）球虫病免疫 5 日龄操作要点（以 5000 只鸡计）。

农科院球虫病疫苗：①在干净塑料桶中装入 9.5 千克（小半桶）洁净清水，将 3.5 瓶悬浮剂加入水中搅匀，然后将 3.5 瓶球虫病疫苗摇匀后加入此悬浮液中，搅拌 2~3 分钟，最后再加入 9.5 千克清水，搅拌混匀 3~5 分钟后，分装到每个小饮水器中。②免疫接种前，鸡群应停水 1~2 小时，把饮水器清洗干净。③按照 100 只鸡用 1 个饮水器配置，每个饮水器中加入 400 克（小号饮水壶容量的 1/4）疫苗溶液，饮完后恢复鸡群的正常饮水。④垫料更换日龄安排：如果垫料潮湿可在 13~14 日龄更换，垫料管理良好的可在 20 日龄以后全部更换新垫料。⑤免疫剂量计算方法：1 瓶球虫病疫苗 +1 瓶悬浮剂 +5.6 千克水 = 免疫 1500 只鸡。

正典球虫病疫苗：①在洁净塑料桶中装入 15 千克洁净清水，把 5 瓶疫苗倒入水中，搅拌 5 分钟，然后将助悬剂瓶盖拧开，去除白色纸片后，用铁钉在助悬剂瓶封口薄膜上打十来个孔。将助悬剂缓缓撒到上述疫苗液中，边加助悬剂边用木棒从不同方向搅拌（顺时针、逆时针、上下）。②按照 100 只鸡用 1 个饮水器配置，每个饮水器中加入 0.6 千克（小号饮水壶容量的 1/3）疫苗溶液，分装至各个饮水器中，供雏鸡饮水，一般需 3~4 小时饮完，饮完后恢复鸡群的正常饮水。③垫料更换日龄安排：

如果垫料潮湿可在 13~14 日龄更换一半，垫料管理良好的可在 20 日龄以后全部更换新垫料。④免疫剂量计算方法：1 瓶球虫病疫苗 +1 瓶悬浮剂 +6 千克水 = 免疫 1000 只鸡。

2）10 日龄免疫操作要点。

① 新支二联活疫苗（新城疫 IV+ 传染性支气管炎 H120，以 5000 只鸡计）：先在 12.5 千克水中加入 1/4 片免疫宝，搅匀后放置 10 分钟，然后在水中加入 5 瓶疫苗，每 100 只用 1 个饮水器，每个饮水器加水 125 克，然后再稀释另外 5 瓶疫苗后再分到每个饮水器中；饮水前停水 1~2 小时。

② 禽流感（H5+H7）疫苗和新城疫、禽流感（H9）二联苗：1 瓶禽流感（H5+H7）疫苗兑 1 瓶新城疫、禽流感（H9）二联苗混合使用，用大可乐瓶（用开水消毒）摇匀 3 分钟，颈部皮下注射 0.3 毫升 / 只（冬春季节为 0.5 毫升 / 只）。

③ 鸡痘弱毒苗：1 瓶鸡痘弱毒苗 +2 毫升灭菌注射水，双针头刺 1 针，所稀释的疫苗均要在 1 小时内用完。

④ 20 日龄的鸡较小，免疫又多在晚上操作，应防止打空针。

3）30 日龄免疫操作要点。

① 禽流感（H5+H7）疫苗和新城疫、禽流感（H9）二联苗：1 瓶禽流感（H5+H7）疫苗和 1 瓶新城疫、禽流感（H9）二联苗混合使用，用大可乐瓶（用开水消毒）摇匀 3 分钟，颈部皮下注射 0.5 毫升 / 只。

② 鸡传染性喉气管炎疫苗：专用稀释液稀释，1 瓶疫苗 +1 瓶稀释液 +1 瓶眼药水，滴左眼 1 滴。

③ 鸡传染性喉气管炎疫苗免疫应激较大，易诱发呼吸道疾病，寒冷季节需投喂预防呼吸道疾病的药物。

4）50 日龄免疫操作要点。

新城疫 IV 系活疫苗（以 5000 只鸡计算）：上午免疫前停水 1~2 小时，用 55~75 千克水加入 1 片免疫宝搅匀后放置 10 分钟，在水中加入 5 瓶疫苗混匀，然后均匀分装至 50 个饮水器中，然后再稀释剩下的 5 瓶疫苗，稀释好后再均匀加入饮水器中，保证在 1~2 小时饮完。

禽流感（H5+H7）疫苗和新城疫、禽流感（H9）二联苗：1 瓶禽流感（H5+H7）疫苗和 1 瓶新城疫、禽流感（H9）二联苗混合使用，用大可乐瓶（用开水消毒）摇匀 3 分钟，翼根肌内注射 0.5 毫升 / 只。

5）其他注意事项。

① 人手方面：最好是自己一家人做，如果一定要请人，必须请责任心强且免疫水平较好的养殖户或免疫队，不准请未成年人进行免疫接种；另外，操作人员必须洗澡、更衣、换鞋后，方可进入鸡舍，禁止请发病鸡群的养殖户或借用发病鸡群养殖户的用具（如注射器）。

② 鸡群必须是在正常健康的情况下才能接种疫苗，如果是正在发病的鸡可适当推迟几天再免疫。

③ 必须保证每只鸡都能接种到疫苗，千万不能漏过。

④ 严禁改变疫苗的接种方法。

⑤ 接种疫苗前，必须给鸡群加足饲料和饮水，并有专人护理鸡群，发现打堆及时驱赶，防止打堆死鸡；免疫接种前后一定要升高鸡舍温度，至少比正常提高2℃。

⑥ 室温低于16℃，油苗必须提前2小时放入保温棚内预温，活疫苗的疫苗瓶接种完后必须用消毒水浸泡1小时后深埋处理，杜绝乱扔疫苗瓶。

（4）土鸡免疫监测要求

1）免疫质量抽测要求。为了了解各阶段土鸡的免疫效果，根据鸡群免疫程序，每月由养殖户进行血样采集。单只鸡采血量为1毫升，采样数量为16~20份，如果鸡群中有健康状况异常的，可采集26份血样以便分析，10天后再次采样26份送检，以进行对照诊断。

2）监测不合格鸡群处理。常规免疫监测判断标准见表11-4，对于免疫监测结果不合格的鸡群，要求养殖户对鸡群进行补免或加强管理。

表11-4 常规免疫监测判断标准

日龄	滴度（$\log_2$）			合格率	判断结果
	新城疫	禽流感（H9）	禽流感（H5）		
≤70日龄	6	7	5	≥75%	合格
>70日龄	7	7	6	≥80%	合格

注：禽流感（H7）的判断标准为全部样品滴度不超过$4\log_2$判断为阴性（合格）。

4. 喂料建议

不同日龄的清远麻鸡的参考喂料量见表11-5。30日龄之前自由采食，分两餐喂料，保证全天有料。40日龄之后，每1000只鸡按照表11-5的程序给料，分两餐喂料。以上养殖户的饲养规模为12000只/批，预计40日龄时的喂料量为12000÷1000×1.1=13.2包。以后的喂料量按照上面计算方式核算数量。

表11-5　不同日龄清远麻鸡的参考喂料量

日龄/天	40	50	60	70	80	90	100	110	120
包/1000只	1.1	1.2	1.5	1.55	1.7	1.95	2	2.2	2.25

四、投资回报核算

根据广东地区十多年的"公司+农户"合作历程，只要养殖户能按照公司饲养管理标准进行生产，每只清远麻鸡的平均利润都在3.5~5元，甚至更高。如一个家庭夫妻2人在家乡从事养殖事业，可以同时方便照顾老人生活、孩子上学，其投资回报预计如下：

1）饲养130天左右上市：每只盈利为3.5~5元，每批饲养量为12000只。

2）每批赢利：平均盈利4元/只，12000只×4元/只=48000元。

3）一年养殖2.5批，共盈利：2.5批×48000元/批=12万元。

4）投资回报时间：13.8万元÷12万元/年≈1.2年，即约养3批鸡的时间可以收回鸡舍投资。

另外，鸡粪收入：每只鸡的鸡粪收入为0.3~0.5元，12000只鸡的鸡粪收入为3600~6000元，可用于支付运输费、电费和部分人工费。

附 录
土鸡场卫生消毒标准

一、门卫管理规定

(1) **人员进出场** 登记员工、外来人员进出场情况（日期、出场时间、进场时间、有无批条）。

(2) **消毒通道** 保持消毒通道畅通有效，大门口配消毒垫，消毒垫做到能打湿鞋底。

(3) **看守大门** 检查进出场人员和车辆，做到人员或车辆出门后大门上锁。

(4) **打扫卫生** 每天清扫生活区地面、道路、厕所、更衣室，做到清洁、干净，所有物品摆放整齐。

(5) **更换消毒液** 大门口、生产区及2个脏道附近的消毒池每5天更换1次消毒液，下雨、转群、卖鸡后要立即更换，消毒池水量要淹没轮胎的1/3。在室外温度高于20℃时，使用戊二醛进行消毒，其他时间使用3%氢氧化钠。

(6) **更衣室管理** 设置紫外线灯并定时消毒，每天打扫消毒1次，并将衣、鞋摆放整齐，做到清洁、无异味。

(7) **生活区消毒** 每天用1∶1000的灭毒灵对场内道路、走廊、办公室、食堂、更衣室、消毒垫进行消毒，室外温度高于20℃时使用1∶1000的戊二醛进行消毒；冬季每5天1次对场内道路使用3%氢氧化钠泼洒消毒，其他时间每周消毒1次。

(8) **传达与传递** 对进场的外来陌生人员、客户等要宣传种鸡场的防疫制度并做好解释，需要引见的先请示场内领导。每天及时将本场的邮件、报刊等交于场内办公室。

二、车辆消毒标准

（1）**饲料车** 饲料车停在大门处的大消毒池里，喷雾消毒30秒。司机下车到人员消毒通道喷雾消毒10秒，到门卫处换上雨靴和工作服后再将饲料车开入场内，在生产区消毒池停留1分钟后进入生产区，生产区内严禁司机下车走动。

（2）**鸡粪车** 从后门脏道进出，门卫先对司机喷雾消毒，再对车辆冲洗消毒，严禁鸡粪车和车上人员进入场区净道及随便走动。

（3）**苗鸡车** 将苗鸡车停在大门处的大消毒池里，喷雾消毒30秒。司机下车到人员消毒通道喷雾消毒10秒，到门卫处换上雨靴和工作服后再将苗鸡车开入场内。在生产区消毒池停留1分钟后进入生产区，生产区内严禁司机下车走动。

还需要做好车辆消毒记录（附表1），以备检验消毒效果。

附表1　车辆消毒记录表

日期	车辆类别	进场时间	出场时间	是否有效消毒	记录人	备注

三、人员消毒标准

（1）**场内人员** 所有人员回场必须消毒、洗澡，更换外套和鞋子。人员进场时，从人员消毒通道消毒10秒后再进场。进入生产区之前在浴室内洗澡、洗头，换上干净的衣服、雨靴进入生产区（要求场内人员外出时准备一套干净衣服放在门卫处）。

（2）**场外人员** 所有场外人员原则上不允许进入场区。外来人员必须进办公区的需要喷雾消毒10秒，必须进生产区的要洗澡或更换防护服、雨靴，并戴好帽子。

需要做好人员消毒记录（附表2），以备检验消毒效果。

附表2　人员消毒记录表

日期	姓名	出场时间	进场时间	是否有效消毒	记录人	备注

四、带鸡消毒标准

（1）**操作程序** 喷雾时关掉风扇（夏季炎热时可以关掉大风扇，保留1个小风扇）。按每立方米空间配制15毫升消毒液。喷雾时由鸡舍一端缓缓走向另一端，喷雾器喷头距鸡体60~80厘米，喷嘴向上。喷雾时按由上至下（包括笼具、地面、鸡体表面）的顺序进行。如果鸡舍内粉尘过大，需先用清水喷雾1次。喷雾程度以地面、笼具、墙壁、顶棚均匀湿润和鸡体表面稍湿为准。喷雾结束后5~10分钟，将风扇打开通风换气。将喷雾器内部连同喷杆彻底清洗，妥善放置。

（2）**注意事项**

1）活苗免疫：免疫前1天、免疫当天、免疫后2天停止消毒。

2）消毒药：现配现用，每周交替使用。

3）消毒频率：发病期间每天上、下午各消毒1次。

4）冬夏季节差异：夏季用凉水，选择在10:00之后或14:00左右；冬季用温水配置，水温为20~30℃。

五、空舍冲洗消毒标准

（1）**冲洗前准备工作** 清理鸡舍内的鸡粪；关闭水、电、风机，卸下鸡舍内所有灯泡；用塑料薄膜包裹好电机、温控仪等电器；检查冲洗机线路是否损坏，损坏处及时修理；检查冲洗机工作是否正常；准备好雨衣、雨靴、口罩等个人防护用具。

（2）**冲洗流程** 用清水冲洗顶棚、笼架、粪板、墙壁、料槽、地面；冲洗通风设备的进风口、排风口和风机设备；冲洗储料间、休息室和操作间；将地面的水和污物用水冲至舍外；对冲洗不易控制的地方进行表面清理，使用清洁水源、干净抹布或清洁球清理水线及与笼架接触的区域。

（3）**注意事项** 按照次序，遵照先上后下、先里后外的顺序，防止未冲洗区域污染已冲洗区域；冲洗后的污水应由下水道或暗渠排到远处，不能排到鸡舍周围；每次冲洗前检查用电安全。

（4）**冲洗后的检查** 鸡舍冲洗完毕后，管理人员着干净工作服及工作鞋对冲洗效果进行检查，检查合格后方可进行下一步的消毒工作。

（5）**消毒工作**

1）消毒剂的选择及浓度设置：鸡舍冲洗好后进行4次消毒，第一次用消毒王，100 克消毒王兑水 100 千克；第二次用农福，200 毫升农福兑水 100 千克；第三次用甲醛，40% 的甲醛 24 毫升 / 米^3；第四次用洁康，30 毫升洁康兑水 15 千克（即农用喷雾器 1 桶加 30 毫升）。

2）操作要求：使用消毒王用冲洗机进行冲洗消毒，冲洗顺序为从鸡舍吊顶到鸡舍两边、前后墙壁，从笼具到地面。地面干燥后，用农福重复上面操作。熏蒸消毒可根据具体情况有选择地使用，进鸡前 1 天使用卫可（过硫酸氢钾复合物粉）用农用喷雾器进行鸡舍喷雾消毒，发过疫情的鸡舍消毒时需要加大消毒剂的剂量。

(6) **填写空舍冲洗检查表**　空舍冲洗检查表见附表 3。

附表 3　空舍冲洗检查表

舍号：　　　　　　　检查日期：　　　　　　　检查人：

检查项目	检查情况	检查项目	检查情况
地面		料槽	
鸡笼		水沟	
吊顶		饮水桶	
灯头		料车	
窗户		垫料板	
鸡粪车		水线	
台秤		饮水箱	
灯泡		风机	
电线		舍内储水池	

检查结果（评语）：

六、鸡舍熏蒸消毒标准

(1) **熏蒸消毒前的准备工作**

1）准备需要的物品：橡胶手套、防毒面具、电磁炉或煤炉、塑料布、水泥钉、铁锤、放甲醛的铁锅等。

2）做好鸡舍的密封工作：主要包括对风机、前后门、窗户、湿帘及所有缝隙处进行密封。风机、前后门和湿帘用塑料布钉上。

3）鸡舍必须清洗干净。

4）鸡舍的预温和加湿：在熏蒸之前必须将温度和湿度提高到其所需要的范围（温度为25℃以上，湿度为65%以上）。

5）甲醛用量的计算：一般根据鸡舍的容积按照28毫升/米^{3}的用量先计算出所需要的甲醛用量，称量好后备用。

（2）熏蒸消毒的具体操作及注意事项

1）在熏蒸消毒前将以后需要用的所有物品放到鸡舍内一起进行熏蒸，包括铁锹、蛋车、手推车等。

2）将40%甲醛倒入铁锅并加热，直至水烧干，操作者要求必须戴好橡胶手套和防毒面具。

3）熏蒸完毕后当人员从大门出来以后迅速将鸡舍大门用塑料布密封，让此鸡舍处于完全密闭的状态，在排味之前禁止任何人员进入。

4）排味：甲醛熏蒸消毒48小时以后拆开风机后面的塑料布，打开风机排味，当鸡舍内的甲醛味排出后人员再进入，确保在进鸡之前鸡舍内的甲醛味能够排尽。对育雏舍可在进鸡前2天加温的同时进一步排除甲醛味。

七、饮水系统冲洗消毒标准

每10天浸泡冲洗1次水线，加药后随时浸泡冲洗。晚上下班前将水塔、水线内的水放掉。关掉水塔水线阀门，向2个水塔桶各加125千克水，称250克的露保洁2份，分别加入2个水塔中，用棒搅匀。打开水塔水线阀门，使水线里充满露保洁溶液，浸泡一晚。第二天早上将水线内的消毒剂放掉，起动增压泵将每条水线内的絮状物冲掉。用毛刷对小水箱及水塔进行清洗，放入清水供鸡饮用。

八、生产区环境消毒标准

鸡舍门口应配脚踏消毒池、消毒洗手盆、消毒小喷壶，每天早晨对脚踏消毒池、消毒洗手盆、消毒小喷壶更换消毒剂。对生产区道路及脏道、粪池，夏季每周清扫消毒1次，冬季每周清扫消毒2次。鸡舍周边1~2米不要有杂草。

九、公共场所消毒记录

要有种鸡场消毒池、道路、办公室等公共场所的消毒记录（附表4）。

附表 4　种鸡场消毒池、道路、办公室等公共场所的消毒记录

日期	药品名称	浓度	用量	备注

十、各岗位消毒剂使用要求

各岗位的消毒剂使用要求见附表5。

附表 5　各岗位消毒剂使用要求

地点	消毒剂及使用浓度	使用方法
大消毒池	3%氢氧化钠	3~5天更换1次
人员	百毒杀1∶1000	现配现用
车辆喷淋	ABB（复合酚）1∶200	现配现用
带鸡消毒	格利特（戊二醛）1∶500	现配现用
带鸡消毒	金典1∶200	现配现用
道路	3%氢氧化钠（20℃以上时用戊二醛）	3~5天使用1次
办公区等公共场所	百毒杀1∶2000	更衣柜
办公区等公共场所	百胜（碘制剂）1∶400	每天喷雾1~2次
鸡舍门前消毒池	ABB（复合酚）1∶200	每天更换
洗手盆	百毒杀1∶2000	每天更换
更衣室	卫可（过硫酸氢钾复合物粉）1∶200	定时消毒
工作服浸泡	百毒杀1∶2000	现配现用

参 考 文 献

[1] 杨宁.家禽生产学[M].3版.北京：中国农业出版社，2022.
[2] 邱文然.禽生产[M].西安：西安交通大学出版社，2014.
[3] 百思特曼.蛋鸡的信号[M].马闯，马海燕，译.北京：中国农业科学技术出版社，2014.
[4] 马尔滕.肉鸡的信号[M].仇宝琴，张若寒，译.北京：中国农业科学技术出版社，2015.
[5] 新牧网，新禽况.2018国鸡产业白皮书[R].[出版地不详]：新牧网，2018.
[6] 国家畜禽遗传资源委员会.中国畜禽遗传资源志：家禽志[M].北京：中国农业出版社，2011.
[7] 中国畜牧业协会.中国禽业发展报告[R].[出版地不详]：中国畜牧业协会，2018.
[8] 王秋梅，唐晓玲.动物营养与饲料[M].北京：化学工业出版社，2009.